彩图 1　波尔山羊 1

彩图 2　波尔山羊 2

彩图 3　萨能奶山羊

彩图 4　安哥拉山羊

彩图 5　吐根堡山羊

彩图 7　南江黄羊 1

彩图 8　南江黄羊 2

彩图 9　关中奶山羊

彩图 10　济宁青山羊

彩图 11　玉米

彩图 12　麸皮

彩图 13　豆粕

彩图 14　棉籽粕

彩图 15　青贮饲料的切碎

彩图 16　青贮饲料的装填

彩图 17　优良青贮饲料

彩图 18　腐败、低劣的青贮饲料

彩图 19　试情法

彩图 20　自由交配

彩图 21　人工辅助交配

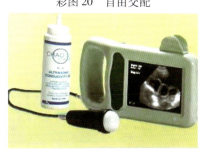
彩图 22　B 型超声波诊断仪

彩图 23　随母哺乳

彩图 24　人工哺乳

彩图 25　放牧育肥

彩图 26　舍饲育肥

彩图 27　耳标

彩图 28　耳标钳

彩图 29　耳标钳的使用

彩图 30　药浴池

彩图 31　修蹄剪

彩图 32　修蹄

彩图 33　标准化羊舍 1

彩图 34　标准化羊舍间距

彩图 35　标准化羊舍及运动场

彩图 36　标准化羊舍 2

彩图 37　羊舍内部构造

彩图 38　羊床及栏杆

彩图 39　饮水器

彩图 40　清粪设备

彩图 41　场区大门及消毒池

彩图 42　生产区消毒室

彩图 43　喷雾消毒设备

怎样提高
山羊养殖效益

李鹏伟　刘长春　朱金凤　编著

机械工业出版社

本书以提高山羊经济效益为核心，内容共分8章，从我国山羊养殖现状、存在的问题及发展趋势入手，围绕山羊生物学特性、选种引种、饲料使用、种羊饲养、羔羊培育、安全生产、羊病防治等进行介绍。全书各部分内容均以山羊场生产经营中的认识误区和存在的问题为切入点，阐述提高山羊养殖经济效益的主要途径，指导读者向品种、良种、成本、繁殖、成活、品质、防控、健康要效益。在内容编排上，本书图、表、文有机结合，力求浅显易懂，技术知识介绍简单明了，突出可操作性、应用性和针对性；对于技术操作要点、饲养管理窍门及在养殖中容易出现的误区等，有专门提示，便于养殖者上手，少走弯路。

本书可供规模化山羊场员工、专业山羊养殖户、饲料及兽药企业技术员及养羊新手阅读，也可供从事山羊研究的科技工作者、农业院校的师生参考。

图书在版编目（CIP）数据

怎样提高山羊养殖效益/李鹏伟，刘长春，朱金凤编著. —北京：机械工业出版社，2021.5
（专家帮你提高效益）
ISBN 978-7-111-68073-4

Ⅰ.①怎… Ⅱ.①李…②刘…③朱… Ⅲ.①山羊–饲养管理 Ⅳ.①S827

中国版本图书馆 CIP 数据核字（2021）第 072856 号

机械工业出版社（北京市百万庄大街22号　邮政编码100037）
策划编辑：周晓伟　高　伟　责任编辑：周晓伟　高　伟　刘　源
责任校对：张玉静　　　　　责任印制：张　博
保定市中画美凯印刷有限公司印刷
2021年7月第1版第1次印刷
145mm×210mm・6.5印张・4插页・198千字
0001—1900册
标准书号：ISBN 978-7-111-68073-4
定价：35.00元

电话服务　　　　　　　　　网络服务
客服电话：010-88361066　　机 工 官 网：www.cmpbook.com
　　　　　010-88379833　　机 工 官 博：weibo.com/cmp1952
　　　　　010-68326294　　金 书 网：www.golden-book.com
封底无防伪标均为盗版　　　机工教育服务网：www.cmpedu.com

前 言 / PREFACE

我国是世界上的山羊养殖大国,也是羊肉、羊奶、羊绒、羊皮生产和消费大国。随着人民生活水平的提高,膳食结构和消费观念发生了改变,再加上山羊采食性广、易管理、生产水平高特性的显现,特别是我国的羊绒及相关产品越来越受到市场欢迎,促进了我国山羊养殖业的蓬勃发展。与此同时,国家和社会对环境的关注、人们对羊产品需求的增加,使山羊饲养由传统的放牧和分散养殖的方式逐步向规模化和标准化方向发展,山羊养殖将成为发展农村经济和畜牧业的支柱产业。2018年起,我国山羊产业的产值呈增加态势,但目前山羊养殖和生产经营过程中仍然存在诸多问题,如疫病问题突出,养殖技术水平低下,饲料与营养不够科学,产品深加工技术滞后,产品质量安全标准和质量监控体系有待加强等,影响了山羊养殖的经济效益。因此,提高山羊标准化、规模化饲养水平,降低疫病发生风险,提高山羊产品品质,规范经营管理,提高山羊养殖效益变得尤为重要。基于此,编者以山羊养殖过程中的认识误区和存在的问题为切入点编写了本书。

在编写过程中,编者结合山羊的生活习性和饲养特点,以山羊标准化、规模化养殖为目标,重点介绍了标准化规模养殖的实用技术,可操作性强。全书共分为八章:第一章,介绍了山羊的养殖现状、生物学特性和山羊品种;第二章,以引种时的误区为切入点,引出提高良种效益的主要途径;第三章,在阐明饲料加工和利用误区的基础上,详细介绍了山羊的营养需要、饲料原料、饲料加工和配合技术;

第四章，介绍了种羊饲养、管理、利用的误区及种羊的饲养管理技术；第五章，介绍了羔羊和育成羊的饲养管理技术；第六章，从肉羊生产中的误区开始，介绍了肉羊的饲养管理技术；第七章，从羊病防治中的误区入手，介绍了规模化羊场疾病防控措施、羊场中药物的使用；第八章，介绍了羊的传染病、寄生虫病及普通病的防治技术。

需要特别说明的是，本书所用药物及其使用剂量仅供读者参考，不可照搬。在生产实际中，所用药物通用名与商品名有差异，药物规格含量也有所不同，建议读者在使用每一种药物之前，参阅厂家提供的产品说明以确认药物用量、用药方法、用药时间及禁忌等。购买兽药时，执业兽医师有责任根据经验和对患病动物的了解决定用药量及选择最佳治疗方案。出版社和编者对任何在治疗中所发生的对患病动物和/或财产所造成的伤害不承担责任。

在本书编写过程中，得到许多同仁的关心和支持，并参考了一些专家学者的研究成果和相关文献资料，由于篇幅所限，未将参考文献一一列出，在此一并表示感谢。由于编者的水平有限，书中错误与不足之处在所难免，敬请同行及广大读者予以批评指正。

编著者

目 录 / CONTENTS

前言

第一章 选择山羊养殖项目，向品种要效益 …… 1
第一节 我国山羊业发展现状、对策和前景…… 1
一、山羊业发展现状和对策 …… 1
二、山羊养殖业的发展前景 …… 3
第二节 掌握山羊的生物学特性 …… 4
一、山羊的生活习性 …… 4
二、羊的消化特点 …… 7
第三节 山羊的品种 …… 10
一、国外引进的优良山羊品种 …… 10
二、国内的优良山羊品种 …… 14

第二章 科学选种引种，向良种要效益 …… 22
第一节 引种的误区 …… 22
一、种羊选择的误区 …… 22
二、引种时存在的误区 …… 25
第二节 提高良种效益的主要途径 …… 27

一、规范引种的步骤 …………………………………… 27
　　二、做好种羊的调运工作 ……………………………… 30
　　三、引种时的注意事项 ………………………………… 30

第三章　科学使用饲料，向成本要效益 ……………… **33**
第一节　饲料加工与利用的误区 …………………… **33**
　　一、饲料配制的误区 …………………………………… 33
　　二、配合饲料选用的误区 ……………………………… 34
　　三、饲料饲喂的误区 …………………………………… 35
第二节　提高饲料转化率的主要途径 ……………… **36**
　　一、熟练掌握山羊的营养需要 ………………………… 36
　　二、准确了解山羊的常用饲料原料 …………………… 41
　　三、科学选用饲料的加工调制方法 …………………… 53
　　四、科学搭配山羊的日粮 ……………………………… 60

第四章　做好种羊饲养，向繁殖要效益 ……………… **66**
第一节　种羊饲养与管理的误区 …………………… **66**
　　一、种羊饲养方面的误区 ……………………………… 66
　　二、种羊管理方面的误区 ……………………………… 68
第二节　掌握山羊的生殖生理 ……………………… **69**
　　一、公羊生殖器官与功能 ……………………………… 69
　　二、母羊生殖器官与功能 ……………………………… 71
　　三、性成熟、体成熟及初配年龄 ……………………… 72
　　四、羊的发情 …………………………………………… 72
　　五、排卵和适时配种 …………………………………… 73
　　六、发情鉴定 …………………………………………… 73
　　七、羊的配种方式 ……………………………………… 75
　　八、妊娠、分娩和产后发情 …………………………… 76
　　九、繁殖季节 …………………………………………… 78
第三节　提高种公羊配种效果的主要途径 ………… **78**

一、种公羊的营养特点 ……………………………………… 79
　　二、种公羊的饲养 …………………………………………… 79
　　三、种公羊的管理 …………………………………………… 80
第四节　提高种母羊繁殖效果的主要途径 …………………… 81
　　一、适时配种 ………………………………………………… 81
　　二、保胎管理 ………………………………………………… 81
　　三、安全接产与分娩异常处理 ……………………………… 82
　　四、做好哺乳母羊的饲养管理 ……………………………… 84
第五节　羊的杂交利用 …………………………………………… 86
　　一、级进杂交 ………………………………………………… 86
　　二、育成杂交 ………………………………………………… 86
　　三、导入杂交 ………………………………………………… 87
　　四、经济杂交 ………………………………………………… 87

第五章　精心饲养羔羊，向成活要效益 …………… 89
第一节　羔羊饲养管理的误区 ………………………………… 89
　　一、羔羊饲养上存在的误区 ………………………………… 89
　　二、羔羊管理上存在的误区 ………………………………… 89
第二节　羔羊生理特性与死亡原因分析 ……………………… 90
　　一、羔羊生理特点 …………………………………………… 90
　　二、羔羊死亡原因分析 ……………………………………… 91
　　三、防止羔羊死亡的措施 …………………………………… 92
第三节　哺乳期提高羔羊成活率的主要途径 ………………… 92
　　一、让羔羊早吃和吃好初乳 ………………………………… 92
　　二、吃足常乳 ………………………………………………… 92
　　三、尽早补饲 ………………………………………………… 92
　　四、加强护理 ………………………………………………… 93
　　五、羔羊寄养 ………………………………………………… 93
　　六、羔羊断奶 ………………………………………………… 94
　　七、公羔羊去势 ……………………………………………… 94
第四节　羔羊科学断奶 ………………………………………… 94
　　一、确定最佳断奶时间 ……………………………………… 94

二、早期断奶技术 ………………………………………… 94
　　三、人工哺乳技术 ………………………………………… 96
第五节　加强育成羊的饲养管理 …………………………… **97**
　　一、育成羊的生长发育特点 ……………………………… 97
　　二、育成羊的饲养 ………………………………………… 97
　　三、育成羊的管理 ………………………………………… 98

第六章　加强肉羊饲养，向品质要效益 …………… **99**
第一节　肉羊生产中的误区 ………………………………… **99**
　　一、饲养观念中的误区 …………………………………… 99
　　二、管理中存在的误区 …………………………………… 100
第二节　肉羊的生长发育规律 ……………………………… **101**
　　一、体重增长规律 ………………………………………… 101
　　二、体组织的生长发育规律 ……………………………… 102
　　三、组织器官的生长发育规律 …………………………… 103
　　四、补偿生长发育规律 …………………………………… 103
　　五、体组织的化学组成 …………………………………… 103
第三节　提高肉羊生长速度与瘦肉率的主要途径 ………… **104**
　　一、选择合适的饲养标准和育肥日粮 …………………… 104
　　二、选择合适的育肥方法 ………………………………… 104
　　三、创造适宜的环境条件 ………………………………… 106
　　四、合理使用添加剂 ……………………………………… 108
第四节　确保肉羊适时出栏的方法 ………………………… **110**
　　一、影响肉羊出栏的主要因素 …………………………… 110
　　二、确定肉羊出栏时间的几种方法 ……………………… 111
第五节　山羊的日常管理技术 ……………………………… **112**
　　一、编号和去势 …………………………………………… 112
　　二、药浴和驱虫 …………………………………………… 114
　　三、去角 …………………………………………………… 116
　　四、修蹄 …………………………………………………… 117
　　五、免疫接种 ……………………………………………… 118
　　六、刷拭 …………………………………………………… 119

七、山羊抓绒 ……………………………………… 119
第六节　优质安全羊肉的构成…………………………… **120**
　　一、无公害羊肉 ………………………………… 120
　　二、绿色羊肉 …………………………………… 122
　　三、有机羊肉 …………………………………… 126

第七章　熟悉诊断用药，向防控要效益 ……………… **127**
第一节　山羊疾病防治的误区…………………………… **127**
　　一、卫生消毒方面存在的误区 ………………… 127
　　二、免疫接种方面存在的误区 ………………… 130
　　三、用药方面存在的误区 ……………………… 133
第二节　引发山羊疾病的主要因素……………………… **136**
　　一、环境因素 …………………………………… 136
　　二、病原体因素 ………………………………… 137
　　三、山羊自身机体因素 ………………………… 137
第三节　预防山羊疾病的主要措施……………………… **138**
　　一、严格执行隔离和卫生管理措施 …………… 138
　　二、强化饲养管理 ……………………………… 139
　　三、做好消毒工作 ……………………………… 140
　　四、进行科学的免疫接种 ……………………… 143
　　五、及时进行药物防治 ………………………… 145
　　六、疫情监测及发生传染病时的应急措施 …… 148
　　七、定期组织驱虫 ……………………………… 152
第四节　山羊疾病防治的常用药物……………………… **152**
　　一、用于消毒的药物 …………………………… 152
　　二、用于山羊机体的药物 ……………………… 156
　　三、药物配伍禁忌 ……………………………… 157
第五节　山羊疾病治疗的基本方法……………………… **159**
　　一、口服给药法 ………………………………… 159
　　二、注射法 ……………………………………… 160
第六节　羊病的临床诊断技术…………………………… **163**
　　一、问诊 ………………………………………… 163

二、视诊 ·· 163
三、嗅诊 ·· 165
四、触诊 ·· 165
五、听诊 ·· 166
六、叩诊 ·· 168

第八章　加强羊病防治，向健康要效益 ············ **169**
第一节　常见传染病的防治 ································ **169**
一、羊口蹄疫 ·· 169
二、羊传染性脓疱 ································ 170
三、山羊痘 ·· 171
四、羔羊大肠杆菌病 ···························· 172
五、羊布鲁氏菌病 ································ 173
六、羊传染性角膜炎 ···························· 174
七、羊沙门菌病 ···································· 175
八、羊链球菌病 ···································· 176
九、羊梭菌性疾病 ································ 177
十、山羊传染性胸膜肺炎 ···················· 181
十一、羊衣原体病 ································ 182

第二节　常见寄生虫病的防治 ································ **183**
一、羊片形吸虫病 ································ 183
二、羊胰阔盘吸虫病 ···························· 184
三、羊捻转血矛线虫病 ························ 185
四、羊前后盘吸虫病 ···························· 186
五、羊绦虫病 ·· 187
六、羊脑包虫病 ···································· 188
七、羊球虫病 ·· 189
八、螨病 ·· 190

第三节　常见普通病的防治 ································ **191**
一、瘤胃积食 ·· 191
二、瘤胃臌气 ·· 192
三、羊胃肠炎 ·· 192

四、羊流产 ………………………………… 193

五、羊子宫内膜炎 ………………………… 194

六、羊乳腺炎 ……………………………… 195

七、羊支气管肺炎 ………………………… 195

八、羔羊白肌病 …………………………… 196

参考文献 ………………………………………… **198**

第一章
选择山羊养殖项目,向品种要效益

第一节 我国山羊业发展现状、对策和前景

一、山羊业发展现状和对策

随着我国综合国力的增强,居民生活水平进一步提高,人们不但要求吃饱,还要求吃好,肉食消费已经成为日常消费的一部分,这就促进了养殖业的大力发展。特别是近年来养羊业得到迅速发展。数据显示,2019年我国羊肉表观消费约为527万吨,人均羊肉消费量达3.76千克。其中,我国山羊存栏量、出栏羊只数量、羊肉产量、生山羊皮的产量都排在世界第1位。

近十几年来,我国居民对羊肉、羊皮、羊绒、羊奶的需求量与日俱增,加上出口贸易的发展,国际上对羊绒及羊绒制品的需求量也越来越大,国内外市场上的羊肉也是供不应求。这就促使我国山羊养殖业向着2个方向发展,即肉用和绒用方向,出现了不同的养殖区域。其中,中原地区和南方地区的山羊养殖业主要向肉用方向发展;北方和中原的部分地区的山羊养殖业向绒用方向发展。

据《中国统计年鉴》显示,近几年我国山羊的数量趋于稳定,2016年有13692万只,2017年有13824万只,2018年有13575万只,2019年有13723万只;全国羊肉的产量也呈增长态势,2016年为460万吨,2017年为471万吨,2018年为475万吨;2019年为488万吨;羊绒产量近年来不断下滑,2016年为18844吨,2017年为17862吨,2018年为15437吨,2019年为14964吨。我国羊绒主要产地为内蒙古、新疆、辽宁、陕西、甘肃、山西、山东、宁夏、西藏、青海等。2019年中国羊绒产量位于全国前三的是内蒙古、陕西和山西,羊绒

产量分别为 6312 吨、1438 吨、1149 吨。

对于肉用山羊的发展，目前，山羊肉产量占全国羊肉产量的 60% 以上。由于我国牧区草原的载畜量几乎已经处于饱和状态，再加上自然灾害经常发生，尤其是旱灾和冬季的强降雪等，加上牧区的人民自食量大，造成牧区羊肉的商品率降低。为了满足市场对羊肉的需求，今后我国羊肉的增长将主要依靠我国中原地区的规模化舍饲养殖和对南方草山、草坡的综合开发利用，以及南方农区的适度规模化饲养所提供的羊肉。同时，还需挖掘潜力，进一步促进北方牧区肉羊产业的发展，积极增加山羊羊只的年出栏次数，提高总体的出栏率。

对于绒山羊的发展，随着国内外市场对山羊绒原料和山羊绒制品的需求量与日俱增，饲养绒山羊也成了农民脱贫致富和各地发展经济的重要支柱产业，在国家的出口创汇方面也产生了明显的效益。近30 年，我国绒山羊品种在原来的辽宁绒山羊和内蒙古绒山羊的基础上，又发展出了将近 10 个品种，饲养绒山羊的地区增加很多，养殖数量也得到很大发展。

为了使我国羊绒在国际上一直能占据优势地位，我国的山羊绒产业今后的发展方向，一是增加绒山羊的数量，二是提高个体产绒量和羊绒的品质。

目前市场上流行的羊绒制品还存在一些问题，如羊绒衫起球、掉绒，这主要是因为羊绒的长度不够；还有就是羊绒的细度也不够，这方面也应像羊毛一样，向更细方向发展，我国现有的羊绒细度在 15~16 微米，要向 14~14.5 微米，甚至更细方向发展，提高我国羊绒品质，以便让其在国际市场上更有竞争力。

为了达到这一目的，今后应抓好以下 5 项工作。

第一，绒山羊是我国独特稀有的优良品种资源，在绒山羊产业投入、科学研究、品种选育等方面应加大资金投入。

第二，加强优良绒山羊的本品种选育，建立健全良种繁育体系，形成包含国家级—省级—地区级—县级良种场、繁育场及群众性育种户的一个完整有机联系的种羊繁育体系，并建立县级、乡级改良站、配种站，大力开展绒山羊的人工授精，提高优秀种公羊的利用率，推动我国绒山羊业向高产、优质、高效方面发展。

第三，改善饲养管理。在以放牧为主的地区，必须改变靠天养羊的习惯，凡是发展绒山羊的地区，必须建立基本能满足羊只补饲需要的大面积的人工草场和围栏，并重视草原草质的改良和保护，合理利用草原，控制载畜量；在舍饲为主的地区，应充分利用农作物秸秆，使用青贮、氨化等技术，提高其营养价值。

第四，制定出羊只的饲养标准，对羊只进行科学的饲养管理。成立绒山羊养殖合作社，充分发挥精准扶贫政策的优势，建立产、供、销一体的生产模式，每个生产基地必须把羊绒生产和销售紧密结合起来，建立羊绒营销体系，优化羊绒交易市场，促进羊绒的交易和流通。

第五，建立种羊销售市场。组织优良种羊拍卖活动，扩大优良种羊的使用范围，提高其利用率，并促进种羊品质的提高。

二、山羊养殖业的发展前景

我国山羊养殖业的生产潜力极大。首先，我国拥有丰富的山羊品种资源，其中有产肉性能好和繁殖力高的山羊品种。20世纪70年代以来，我国先后从国外引进了大量成熟早、产肉性能好的山羊品种，如波尔山羊。这些优良的品种为改良我国地方品种、选择杂交改良最佳父本及培育我国肉用羊新品系打下了良好的基础。其次，我国山羊存栏量大，其生产潜力十分可观。同时，我国草原面积大，农副产品丰富，可为养羊生产提供充足的饲料资源。养羊除了具有广阔的发展前景之外，还有以下几个好处。

1. 提供优质羊产品

（1）羊肉和羊奶 在我国，羊肉是消费量仅次于猪肉的重要肉类品种，牧区、山区的羊肉消费量更大。山羊奶是消费量仅次于牛奶的重要奶品，而且还具有脂肪球直径小、酪蛋白含量高、易消化吸收、营养价值高等特点，是老人、幼儿的良好食品。羊肉、羊奶还是重要的食品工业原料，也是牧区人民的重要食物来源。

（2）羊皮和羊绒 羊皮和羊绒的保温力和耐久性很好，是优良的防寒材料，尤其是羔皮，具有轻便美观的优点，是国内外畅销商品。羊皮也是皮草产业的重要原料，可用来制作皮衣、皮鞋、皮包等各种羊皮制品，轻便、实用、美观。

2. 提供出口创汇物资

山羊的多种产品是我国重要的传统出口商品，1吨山羊绒的平均出口价格达数万美元。我国生产的手工栽绒地毯图案新颖、色泽美观、别具一格，属于东方地毯的一个门类，在国际市场上享有盛誉，已销往80多个国家和地区。

3. 增加农民收入，加速商品化生产

随着党和国家的各项农村经济政策的贯彻落实，我国的养羊生产已从以家庭经营为主转变为规模化、工厂化生产为主，这为推动养羊业的发展创造了有利条件。在农村，发展养羊业是实现有机农业和农牧结合的一种有效途径。一般来说，养羊和种植相结合，可提高综合经济效益20%~30%；养羊和林业相结合，可提高综合经济效益10%~20%。

4. 养羊积肥，提高农作物产量

羊粪尿含有丰富的氮、磷、钾和有机质，肥效高，促增产，并能改良土壤、提高地温、保持水分。1只成年羊每年排粪尿在750千克以上，加上垫土和垫草，可生产优质农家肥1500~2000千克，足够1亩（1亩≈667米^2）的农田中等施肥量使用，每亩可增产粮食30~40千克。

第二节　掌握山羊的生物学特性

一、山羊的生活习性

充分了解山羊的生活习性才能为山羊提供适宜的饲养环境、合理的营养需要和科学的饲养管理方法。山羊的生活习性主要表现在以下几个方面。

1. 合群性强

山羊的合群性较强。不同品种的羊，合群性不太一样，一般来说肉用羊要比毛用羊的合群性差。在自然群体中，头羊一般由母羊担任，羊群中掉队的多是病、老、弱、残的羊只。山羊可以混合组群，但在采食牧草时，会彼此分成不同的小群，很少均匀地混群采食。利用羊的这一特性，在牧区可以进行大群放牧管理，以节省劳力和物力，为羊只的转场提供方便。

2. 适应性强

山羊对外界各种气候条件具有良好的适应性，这些适应性主要表现为拥有很强的耐粗饲、耐饥渴、耐炎热和耐严寒等特性。耐炎热，绵羊在天热高温情况下不能吃草时，山羊能继续采食，不会扎堆。耐饥寒，在越冬期间，同样不良环境条件下山羊的死亡率低于绵羊，其寿命也较长，活动范围广，在高山深谷等不能放牧绵羊之处，可以放牧山羊。山羊一般采食时间也比较长。

3. 活泼爱动

山羊喜好攀登墙垣、土坡等处，这是所有山羊比较突出的习性之一。民间有"精山羊，疲绵羊"的说法，说明山羊比较机灵好动，适宜山区坡地放牧饲养。如果为绵羊群选1~2只山羊作为头羊更有利于绵羊群放牧管理。

4. 爱干燥、喜清洁

山羊喜好清洁。山羊拥有高度发达的嗅觉，遇到有异味或被污染的草料和饮水，宁可忍饥挨饿也不愿食用，甚至连它自己践踏过的饲草都不采食。这就要求在饲养管理方面尽量做到精心细致，保证饲草新鲜和饮水清洁卫生，饲槽和水槽要做到每天清扫，保证羊群在干燥、凉爽和清洁的圈舍环境中生活，运动场也应保持干燥卫生。如长期生活在低洼、潮湿的环境中，容易导致羊群发生传染病和寄生虫病，影响山羊的生长发育。因此，在规划、设计、建造羊舍和运动场时应对羊的习性加以考虑，避免不良环境对羊群造成影响。

5. 采食能力强

山羊的采食能力很强。山羊有长而尖的灵活薄唇，下切齿稍向外弓而锐利，上颌平整坚强，上唇中央有一纵沟，故能采食地面的低生草，捡食落叶枝条，对草场的利用比较充分。山羊能利用多种植物性饲料，对粗纤维的利用率高达50%~80%。山羊的采食范围广且杂，据统计可采食600余种植物，占供采食植物种类的88%，并且山羊特别喜欢采食树叶、嫩枝，甚至可用树叶、嫩枝等代替粗饲料需求量的一半。

6. 母子辨认能力强

山羊的母性强。分娩后，母羊会舔干初生羔羊体表的羊水，并熟

悉羔羊的气味，建立母子关系，而母子关系一经建立就比较牢固。山羊母子相认主要通过3种方式：听觉，母羊及羔羊都可以通过叫声呼应。视觉，羔羊可以隔着许多羊只认出母羊，跑到母羊身边吃奶。嗅觉，母羊跑到羔羊跟前，或羔羊吃奶时在羔羊尾部嗅味，以进一步识别是不是自己的羔羊。

7. 抗病力强

山羊有较强的抗病力。平时只要做好山羊疫苗的免疫接种和定期驱虫，并供给足够的饲草、精料和饮水，满足其生长发育的营养需要，一般较少发病。在生产上，体况良好的山羊对疾病的耐受力相对较强，在病情轻微时一般不表现典型的临床症状，有的甚至在濒死前还能勉强采食草料。因此，在舍饲管理中必须细心观察，才能及时发现发病羊只，并加以精心治疗。山羊虽然具有较强的抗病能力，若延误到病羊已停止采食或停止反刍时再进行治疗，疗效往往不佳。这就要求管理人员必须做到"早发现，早治疗"。

8. 嗅觉灵敏

羊的嗅觉比视觉和听觉灵敏，这与其发达的腺体有关。其具体表现在以下3个方面。

（1）靠嗅觉识别羔羊　羔羊出生后与母羊接触几分钟，母羊就能通过嗅觉辨别出自己的羔羊。羔羊吃奶时，母羊总是要先嗅一嗅其臀尾部，以辨别是不是自己的羔羊，利用这一特性可以在生产中寄养羔羊，即在被寄养的孤羔和多胎羔羊身上涂抹保姆羊的羊水或尿液，寄养多会成功。

（2）靠嗅觉辨别植物种类或枝叶　羊在采食时，能依据植物的气味和外表细致地区别出各种植物或同一植物的不同品种（系），选择含蛋白质多、粗纤维少、没有异味的牧草采食。

（3）靠嗅觉辨别饮水的清洁度　羊喜欢饮用清洁的流水、泉水或井水，对污水、脏水等则拒绝饮用。

9. 繁殖力强

肉用品种的山羊多四季发情，长年配种，多胎高产，高繁殖力是它的优良特性之一。如济宁青山羊、成都麻羊、陕南白山羊等品种的母羊都是长年发情，一胎多产，最高1胎产7~8只羔羊。并且大部分山羊在1岁前就可繁殖1胎,多胎性比绵羊要好。

二、羊的消化特点

1. 成年羊的消化特点

（1）反刍 反刍是羊只正常的生理表现。反刍就是当饲料进入瘤胃后,经过浸软、混合和生物分解后,又一团一团返呕回口腔细嚼后再次咽下。这是羊只休息时进行的活动,反刍时羊多为侧卧姿势,也有少数站立。反刍周期性地进行,每次40～60分钟,有时每次可达1～2小时,每天反刍的时间为放牧时间的3～4倍,反刍次数的多少与每次持续时间的长短,与采食草料的质量有着密切关系,饲草中粗纤维含量越高,反刍时间越长。在反刍中任何外来的刺激都能影响反刍,甚至使其停止。反刍不完全会造成瘤胃内容物发酵,产生大量气体,引起瘤胃臌气。因此,在饲养管理中一定要保证羊有充分的反刍时间。在放牧和舍饲时,应保证羊只反刍的时间和安静的反刍条件。反刍也是羊只健康与否的重要标志。反刍停止是羊只发生疾病的表现,在治疗过程中,羊只开始反刍,说明病情大有好转。

（2）消化道长度 山羊的消化道细而长,小肠与体长比为(25～30)∶1。这样可使食物在消化道内停留时间较长,有利于营养的充分吸收。

（3）消化道的容积 山羊是反刍动物,有瘤胃、网胃、瓣胃和皱胃4个胃室组成（图1-1）,总容积为29.6升。前3个胃统称为前胃,胃壁黏膜无腺体。

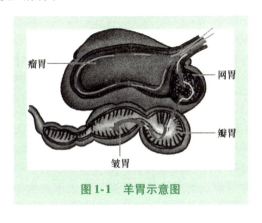

图1-1 羊胃示意图

瘤胃为椭圆形，容积大，达23.4升。羊能在短时间内采食大量牧草，不经充分咀嚼即咽下，储藏在瘤胃内，在休息时再经反刍后消化利用。瘤胃内有大量的微生物活动，可以分解消化进入的食物。

网胃为球形，平均容积为2.0升，网胃和瘤胃紧连在一起，其消化生理作用基本相似。

瓣胃的平均容积为0.9升，内壁有无数纵列的褶膜，对食物起机械压榨作用。

皱胃又称真胃，平均容积为3.3升，其胃壁黏膜上有腺体分泌胃液，胃液的主要成分是盐酸和胃蛋白酶，对食物进行化学性消化。

其中，瘤胃的作用主要体现在以下几个方面。

① 瘤胃是"储存罐"：羊只吃入的饲料，首先进入瘤胃，对采食的饲草进行储存、压榨、软化等机械作用，再返回口腔，嚼后再次咽下。

② 瘤胃也是"发酵罐"：瘤胃保持着一个极端厌氧、恒温（39～40℃）、pH恒定（5.5～7.5）的环境，有利于瘤胃微生物生存、繁殖和进行消化活动，故瘤胃内有大量瘤胃微生物。

据测定，每毫升瘤胃内容物中含有45万～200万个瘤胃纤毛虫、5亿～10亿个细菌。在瘤胃微生物作用下，饲料被转化为营养物质，被机体吸收。瘤胃微生物与羊实际上是共生作用，彼此互利。瘤胃微生物的主要作用如下：

第一，将饲料中的粗纤维分解成碳水化合物以被羊吸收利用。羊对饲料中粗纤维的消化率高达50%～80%，而马、猪、鸡对粗纤维的消化率分别为30%～50%、10%～30%和0～10%。羊对饲料中碳水化合物的消化吸收主要在瘤胃中进行，在瘤胃的机械作用和微生物酶的综合作用下，碳水化合物被发酵分解，分解的终产物是小分子的挥发性脂肪酸（Volatile Fatty Acid，VFA），这些挥发性脂肪酸主要是由乙酸、丙酸和丁酸组成，也有少量的戊酸。分解的同时释放能量，部分能量以三磷酸腺苷（Adenosine Triphosphate，ATP）的形式供微生物活动，大部分挥发性脂肪酸被瘤胃壁吸收，部分丙酸在瘤胃胃壁细胞中被转化为葡萄糖，连同其他脂肪酸一起进入血液循环，它们是反刍动物能量的主要来源。羊采食的饲料中有55%～95%的可溶性碳水化合物、70%～95%的粗纤维是在瘤胃中被消化的。

第二，能利用低质量的植物性蛋白质合成高质量的菌体蛋白质，并能利用尿素这种非蛋白结构的含氮化合物合成高质量的菌体蛋白，然后在小肠内通过羊肠蛋白酶的作用，消化吸收菌体蛋白。所以羊可利用尿素，节省蛋白质饲料。

第三，瘤胃微生物还可以合成B族维生素和维生素K。因而羊的饲料中不用另外添加这几种维生素，其合成数量足以维持羊体健康、生长发育及生产所需。

2. 羔羊的消化特点

2月龄以内的哺乳羔羊，前胃发育尚不完全，瘤胃微生物区系尚未形成，故其消化特点与成年羊不同，还不能利用大量的粗纤维。羔羊出生后，随着日龄的增长，逐渐习惯采食草料，前胃容积随之增长。羔羊出生后约20天开始出现反刍行为。如果在哺乳期提早补饲易消化的植物性饲料，能刺激前胃的发育，让羔羊提前出现反刍行为。

【提示】

对哺乳羔羊供给含粗纤维较少的干草或补充易消化的植物性饲料，则可促进瘤胃的发育，增强消化力，促使其提前反刍。

3. 羊的正常生理指标

羊的正常生理指标参见表1-1、表1-2。

表1-1　羊的3项生理指标（体温、呼吸、脉搏）

分类	体温/℃	呼吸/（次/分）	脉搏/（次/分）
山羊	38.0～39.5	10～25	60～80
绵羊	38.5～40.0	12～30	70～80
羔羊	40.0～41.0	25～35	90～130

表1-2　羊反刍、嗳气及粪尿情况

反刍/（次/天）	嗳气/（次/天）	排粪/（次/天）	排尿/（次/天）	粪酸碱度	尿酸碱度	排尿量/（升/天）	尿比重
8～12	20～30	8～10	2～5	7.2～8.1	8.0	0.5～2	1.015～1.070

第三节 山羊的品种

一、国外引进的优良山羊品种

1. 波尔山羊

波尔山羊（彩图1、彩图2、图1-2）原产于南非，被称为"肉用山羊之父"，是一个优良的肉用山羊品种，也是世界上著名的高品质瘦肉型山羊品种。波尔山羊具有体形大、生长快，繁殖力强、产羔多，屠宰率高、产肉多，肉质细嫩、口感好，耐粗饲、适应性强，抗病力强和遗传性稳定等特点。波尔山羊是优良公羊的重要品种来源，作为终端父本能显著提高杂交后代的生长速度和产肉性能。1995年我国从德国引进了该品种，并在江苏和陕西进行饲养。

（1）外貌特征 波尔山羊体躯的毛色通常为白色，前额明显隆起，耳长下垂，头部两侧与耳为棕色，并且在额中至鼻端有一条很规则的白毛带；体躯呈圆桶状，肌肉发达，后躯丰满，四肢短粗。该品种适应性强、能适应从温带到热带的各种气候环境。

图1-2 波尔山羊

（2）繁殖性能 波尔山羊性成熟早，四季发情，初情期在5~6月龄，发情周期平均为21天，妊娠期平均为148天，母羊产后发情时间平均为20天，繁殖力高，一般2年产3胎。在自然放牧的条件下，年产羔率为180%~200%，繁殖成活率为160%~170%，母羊产双羔率为50%以上，产三羔率为30%左右。

（3）生产性能 经过几十年的严格选育，波尔山羊的生长育肥性能优于其他品种。在放牧条件下，哺乳期单羔日增重可达250克左右，6~9月龄日增重达205克；在舍饲条件下，哺乳羔羊日增重可达350克左右。10周龄断奶时的羔羊体重可达18千克左右；100日龄的公羔体重可达32千克，母羔可达27千克；成年公羊体重为105～115千克，成年母羊体重为60～90千克。波尔山羊羔羊的最佳屠宰体重为38～43千克。此时羔羊的肉质细嫩、口感好、脂肪含量低、瘦肉率高。波尔山羊的屠宰率是所有山羊品种中最高的。此外，波尔山羊泌乳性能好，一般每天能产奶2.51千克，这对于哺乳羔羊非常有利。

（4）适应性 波尔山羊的适应性强，体质结实，四肢强健，适合长距离放牧，可广泛利用各种杂草、灌木。波尔山羊抗病能力强，对体内外寄生虫的侵害不敏感。

1995年以来，我国先后从德国、澳大利亚、新西兰和南非引入波尔山羊，饲养在山东、河南、江苏、陕西、四川、北京等地，这些波尔山羊表现为性情温顺，合群性强，易于管理，即可舍饲，也可放牧。据江苏和陕西有关资料介绍，波尔山羊与当地山羊杂交具有明显的杂交优势。

【提示】

选择优秀的波尔山羊时，一定要注意选择其额头中间有一条白色毛带的羊，这是纯种波尔山羊的品种特征。

2. 萨能奶山羊

萨能奶山羊（彩图3、图1-3）是世界上最著名的奶山羊品种之一，是奶山羊的代表品种，因原产于瑞士西北部的萨能山谷地带而得名，主要分布于瑞士西部的广大区域。现有的奶山羊品种几乎半数以上都不同程度存在萨能奶山羊的血统。它具有典型的乳用家畜体形特征——后躯发达。

图1-3 萨能奶山羊

（1）体形外貌 萨能奶山羊具有奶山羊的"楔形"体形。体格高大，结构紧凑。四肢结实，姿势端正。有"四长"的外形特点，即头长、颈长、躯干长、四肢长。眼睛大而灵活。被毛短粗，为白色或浅黄色。公羊的肩、背、腹和股部着生有少量长毛。皮肤薄，呈粉红色，仅颜面、耳朵和乳房皮肤上有小的黑灰色斑点。公羊、母羊均无角或偶尔有短角，大多有胡须。公羊颈部粗壮，母羊颈部细长，胸部宽深，背宽腰长，背腰平直，尻宽而长。公羊腹部浑圆紧凑，母羊腹部大而不下垂。蹄部坚实呈蜡黄色。母羊乳房基部宽广，向前延伸，向后凸出，质地柔软，乳头1对，大小适中。

（2）生产性能　成年公羊体高为80～90厘米，体重为75～95千克；成年母羊体高为70～78厘米，体重为55～65千克。泌乳期为300天，产奶量为600～1200千克，个体最高产奶量达到3498千克，乳脂率为3.8%～4.0%。萨能奶山羊性成熟早，繁殖力强，产羔率为200%，多产双羔和三羔，利用年限为10年左右。

萨能奶山羊抗病力强，用于改良品种的效果也非常明显，许多国家和地区都用它来改良地方品种，选育成了不少奶山羊新品种，如英国萨能奶山羊、以色列萨能奶山羊、德国萨能奶山羊和我国的关中奶山羊等新品种。

3. 安哥拉山羊

安哥拉山羊（彩图4）是古老的毛用山羊品种，也是世界上著名的毛用山羊品种。安哥拉山羊原产于土耳其草原地带，土耳其首都安卡拉（旧称安哥拉）周围，主要分布于气候干燥、土层瘠薄、牧草稀疏的安纳托利亚高原地区。安哥拉山羊因为能够生产光泽度好、价值高、质量好的"马海毛"而逐渐被人们重视。16～20世纪，安哥拉山羊被相继出口到一些国家和地区，现已在美国、阿根廷、中国、澳大利亚和俄罗斯等国家和地区饲养，现以土耳其、美国和南非饲养最多。安哥拉山羊产毛量高，毛长而有光泽，弹性大且结实，是高级纺织原料，是羊毛中价格最为昂贵的一种。

（1）外貌特征　安哥拉山羊体格中等，公、母羊均有角，颜面平直或微凹，耳大下垂，嘴唇端或耳缘有深色斑点。颈短，体躯窄，尻倾斜，骨骼细，体质较弱。全身被毛白色，毛丛为辫状，呈波浪形或螺旋形，可以垂至地面，具绢丝光泽。利用安哥拉山羊与本地种羊杂交，其后代产毛量和毛的品质一般随杂交代数的增加而提高，但体重则降低。

（2）生产性能　成年公羊体重为 50～55 千克，成年母羊体重为 32～35 千克。成年公羊剪毛量为 4.5～6.0 千克，母羊为 3.0～4.0 千克，1 年可剪毛 2 次。净毛率为 65%～80%。该品种在土耳其每年剪毛 1 次，在美国和南非每年剪毛 2 次。安哥拉山羊性成熟较晚，一般母羊 18 月龄开始配种，多产单羔，繁殖率及产奶量均低。由于个体小，产肉量也低。

4. 吐根堡山羊

吐根堡山羊（彩图 5）是一个乳用山羊品种，因起源于瑞士东北部的吐根堡河谷盆地而得名，现在已经分布于世界各地。该品种遗传性能稳定，适应能力极强，与地方品种的山羊杂交，能够将其特有的毛色和较高的泌乳性能遗传给后代。由它杂交形成的品种有英国吐根堡羊、荷兰吐根堡羊及德国吐根堡杂色改良羊等，对世界各地奶山羊的改良起了重要作用。我国的四川、陕西、山西、东北等地都先后引进了吐根堡山羊，进行纯种选育和杂交改良。

（1）外貌特征　吐根堡山羊体形较小，与萨能奶山羊相近。被毛为单色，为深浅各异的浅褐色至深褐色，有长毛和短毛 2 种类型。颜面两侧各有一条灰白色条纹，鼻端、耳缘、腹部、臀部、尾下及四肢下端均为灰白色，耳为白色且有一个黑色中心斑点，四肢以白色为主。公、母羊均有须，多数无角。公羊体长，颈细瘦，头粗大；母羊皮薄，骨细，颈长，乳房大而柔软。

（2）生产性能　成年公羊体高为 80～85 厘米，体重为 60～80 千克；成年母羊体高为 70～75 厘米，体重为 45～55 千克。吐根堡山羊平均泌乳期为 287 天，在英国、美国等国家和地区 1 个泌乳期的产奶量为 600～1200 千克。饲养在我国四川成都的吐根堡山羊的 300 天产奶量，一胎为 687.70 千克，二胎为 842.68 千克，三胎为 751.28 千克。羊奶品质好，膻味小，乳脂率为 3.5%～4.2%。公羊肉的膻味小，母羊奶中的膻味也较轻。

吐根堡山羊全年发情，但多集中在秋季。母羊 1.5 岁配种，公羊 2 岁配种，平均妊娠期为 151 天，产羔率平均为 173.4%，利用年限为 6～8 年。

（3）适应性　吐根堡山羊体质健壮，性情温驯，耐粗饲，耐炎热,对放牧或舍饲都能很好地适应。

5. 努比亚奶山羊

努比亚奶山羊(彩图6)又名纽宾羊、努比亚山羊。由于努比亚奶山羊是亚热带品种,所以棕色、暗红为多见。努比亚奶山羊在我国经过了30多年的培育,与很多地方品种进行了杂交改良,起到了一定的效果。

(1) 外貌特征 努比亚奶山羊头短、较小,鼻梁隆起,耳宽长下垂,颈长腿长,躯干较短,尻部短而倾斜,公、母羊大多无角无须。毛色较杂,有暗红色、棕红色、黑色、灰色、乳白色及各种斑块杂色。乳房硕大,多呈球形。

(2) 生产性能 努比亚奶山羊体形较小,成年公羊体重为60~75千克,母羊体重为40~50千克。母羊泌乳期为5~6个月,产奶量为300~800千克,个体最高产奶量为2009千克,乳脂率为4%~7%。

(3) 繁殖性能 努比亚奶山羊性格温顺,耐热性较强,对寒冷潮湿适应性较差。繁殖力较高,1年2胎,每胎2~3羔。公羊初配种年龄为6~9月龄,母羊配种年龄为5~7月龄,发情周期为20天,发情持续时间为1~2天,妊娠时间为146~152天,羔羊初生重一般在3.6千克以上,哺乳期为70天,羔羊成活率为96%~98%,产羔率为266%。

二、国内的优良山羊品种

1. 辽宁绒山羊

辽宁绒山羊是世界上最著名的绒山羊品种,也是我国产绒量最高的山羊品种,被誉为"国宝"。辽宁绒山羊的饲养历史已经无从考证,但辽东半岛养羊的历史悠久,在距今已有7000年历史的沈阳新乐的考古遗址中就有羊的化石。辽宁绒山羊发现于1955年,辽宁省农业厅相关工作人员在盖县(现在的盖州市)丁屯村调研时,发现当地有产绒相当多的绒山羊种群。1959年,在进行畜禽品种资源调查时,由辽宁省农业厅组织专家对该品种进行了性能测定,当时称其为"盖县绒山羊"。1980年改名为"辽宁绒山羊",并由原农业部和辽宁省政府投资建设了辽宁省绒山羊种羊场,负责辽宁绒山羊的品种选育、保护、研究和推广工作,1984年该品种通过国家品种鉴定,种羊场改名为辽宁绒山羊原种场。

辽宁绒山羊是我国自己培育的地方优良品种，具有羊绒洁白、羊绒品质好、产绒量高、净绒率高、绒纤维长、绒细度适中、体形大、体质结实、适应性强、适合放牧饲养、遗传性能稳定和改良低产山羊效果好等优点。它在我国乃至于世界绒山羊中都处于特殊重要的位置。在我国的《国家级畜禽遗传资源保护名录》中，辽宁绒山羊被列为重点保护的各类羊之首，也是我国政府规定禁止出口的少数几个品种之一。

(1) 产地和分布　辽宁绒山羊主产于辽宁省东部山区和辽东半岛，分布于盖州、岫岩、凤城、庄河、宽甸、瓦房店、本溪、桓仁、辽阳等地区。

(2) 体形外貌　辽宁绒山羊头小，额顶有长毛，颌下有髯。公、母羊均有角，公羊角大，由头顶部向两侧呈螺旋式平直伸展；母羊多板角，向后上方伸展。颈宽厚，颈肩结合良好。背平直，后躯发达，四肢粗壮、尾短瘦，尾尖上翘。被毛为白色，羊毛长而粗，无弯曲，有丝样光泽，绒毛纤维柔软。

(3) 生产性能　公羔初生体重为 2.39 千克，母羔初生体重为 2.31 千克；周岁时公羊平均体重为 27.81 千克，母羊平均体重为 23.73 千克；成年公羊平均体重 54.42 千克，成年母羊平均体重为 37.17 千克。主产区每年 4 月末至 5 月初对辽宁绒山羊进行梳绒然后剪毛。成年公羊平均产绒量为 633 克，最高纪录为 1920 克；母羊平均产绒量为 435 克，最高纪录为 1390 克。成年公羊平均绒纤维细度为 17.07 微米，母羊平均绒纤维细度为 16.32 微米；成年公羊平均绒纤维自然长度为 6.79 厘米，成年母羊平均绒纤维自然长度为 5.88 厘米；成年公羊平均绒纤维伸直长度为 9.57 厘米，成年母羊平均绒纤维伸直长度为 8.32 厘米。

据辽宁绒山羊原种场测定，成年公羊的羊绒密度为 3909 根/厘米^2，成年母羊的羊绒密度为 3421 根/厘米^2。成年公羊的毛的密度为 232 根/厘米^2，成年母羊的毛的密度为 187 根/厘米^2。

(4) 繁殖性能　公、母羊 5 月龄性成熟，一般到 18 月龄配种。1 年 1 胎，母羊的繁殖年限为 7~8 年。产羔率为 110%~120%，平均为118.3%。公羊在一个羊群中利用2~3年就要更换。

（5）适应性 辽宁绒山羊体形大、羊绒洁白、羊绒产量高、适应性强、遗传性稳定，在国内外享有盛誉，备受北方山羊养殖区青睐。引入地区除了进行纯种繁育，还用辽宁绒山羊种公羊作父本改良本地低产母羊，收到明显效果。如用辽宁绒山羊改良宁夏山羊，改良河北、陕西、山东、新疆、北京的本地山羊，对羊绒产量和绒纤维长度的提高都获得了较明显的效果。辽宁绒山羊还对罕山白绒山羊和新疆白绒山羊等新品种的培育起到了极大的作用。

2. 南江黄羊

南江黄羊（彩图7、彩图8）原产于四川南江，是经过长期选育而成的肉用型山羊品种。该品种在1995年10月13日经过南江黄羊新品种审定委员会审定，1996年11月14日通过国家畜禽遗传资源管理委员会羊品种审定委员会实地复审，1998年4月17日被原农业部批准正式命名。它是由努比亚奶山羊、成都麻羊、金堂黑山羊等与当地山羊杂交，经过长期的自然选择和人工选择形成的肉羊性能较好的品种。

南江黄羊不仅具有体格大、性成熟早、生长发育快、四季发情、繁殖力高、产肉性能好、泌乳性能好、适应性强、耐粗饲、遗传性稳定的特点，而且肉质细嫩、口感好、板皮品质优。

（1）外貌特征 大多数公、母羊都有角，头较大，鼻微拱，颈部短粗，颈长度适中，体格较大，背腰平直，后躯丰满，体躯略呈圆桶形，前胸深广，肋骨开张，四肢粗壮。被毛呈黄色或黄褐色，毛短而富有光泽，面部多呈黄黑色，鼻梁两侧有一对称的浅色条纹，公羊颈部及前胸着生黑黄色的粗长被毛，从头顶枕部至尾根沿着脊背有一条黑色毛带，十字部后渐浅。前胸、颈、肩和四肢上端着生黑而长的粗毛。

（2）生产性能 成年公羊平均体重为57千克，成年母羊平均体重为38~45千克；公、母羔平均初生重为2.28千克；公羔2月龄体重为9~13.5千克，母羔2月龄体重为8~11.5千克；1岁公羊体重可达32千克，母羊可达27千克以上。在放牧条件下，6月龄屠宰前体重达到21.3千克，胴体重为9.6千克，屠宰率为45.12%。南江黄羊性成熟早，羔羊4～5月龄即可发情配种，发情期为20天，妊娠期为148天。四季发情，繁殖不受季节限制，平均产羔率为190%以上。

南江黄羊虽然育成的时间较短，但已经显示出优良的肉用性能特征，在我国南方亚热带山区饲养具有良好的前景。

3. 马头山羊

马头山羊是肉皮兼用的地方优良品种之一，主产于湖北十堰、恩施和湖南常德、洪江及四川、贵州武陵山一带等地区。主要分布于海拔300～1000米的亚热带山区丘陵。这些地方四季分明，雨量充沛，无霜期长，牧草丰盛，马头山羊就是在这种生态环境条件下经过长期的自然和人工培育形成的。马头山羊体形、体重、初生重等指标在国内地方品种中都居前列，是国内地方山羊品种中生长速度较快、体形较大、肉用性能最好的品种之一。

（1）外貌特征 马头山羊无论公、母羊都无角，头较长，头似马，性情迟钝，俗称"懒羊"。公羊头较长且大小中等，4月龄后额顶部长出长毛（雄性特征），并逐渐伸长，可遮至眼眶上缘，长久不脱，去势1月后就全部脱光，不再复生。被毛以白色为主，有少量黑色和麻色毛。母羊个体较大，体躯呈长方形，背腰平直，结构匀称，肋骨开张良好，臀部宽大，尾巴短而且上翘，乳房发育良好，四肢结实有力。

（2）生产性能 马头山羊生长发育快，体格较大。成年公羊体重在45千克左右，1岁公羊体重可达25千克；成年母羊体重在34千克左右，1岁母羊体重可达20千克以上，但不同地区略有差异。肉用性能良好，成年母羊和羯羊的屠宰率都在50%以上。

（3）繁殖性能 马头山羊性成熟早，可四季发情，在南方以春秋冬季配种较多。母羔在3～5月龄、公羔在4～6月龄性成熟，一般在8～10月龄配种，妊娠期为140～154天，哺乳期为2～3个月。全年发情，主产地群众习惯让其1年2产或2年3产，一般多2年3胎。由于各地生态环境的差异和饲养水平的不同，产羔率差异较大，但一般均在200%以上，初产母羊多产单羔，经产母羊多产双羔或多羔，马头山羊是适合在亚热带丘陵山区饲养的一个良好肉用山羊

品种。

4. 隆林山羊

隆林山羊原产于广西隆林及其周边各县。该品种生长发育快,产肉性能好,繁殖力强,适应亚热带山地高温潮湿气候。

(1) 外貌特征 隆林山羊羊头大小适中,公、母羊都有角和髯,少数母羊颈下有肉垂,肋骨开张良好,躯体近似于长方形,四肢粗壮,毛色较杂,有白色、黑色和杂色。

(2) 生产性能 隆林山羊体形较大,成年公羊体重可达57千克,母羊体重可达44千克,羯羊最大达到70千克以上,这在我国南方亚热带山区是非常难得的。隆林山羊肌肉丰满,胴体脂肪分布均匀,肌肉纤维细,肉质好,膻味小。市场上以6~8月龄25千克以下的活羊最受消费者欢迎,屠宰率一般在50%左右。隆林山羊性成熟早,当年产的羔当年就可以配种,一般情况下2年3胎或1年2胎,平均产羔率为195%。通过有计划选育,隆林山羊生产性能有望得到进一步提高。

5. 黄淮山羊

黄淮山羊原产于黄淮平原南部,因广泛分布在黄淮流域而得名。该品种饲养历史悠久,在500多年前就有历史记载,目前主要分布在河南省东部周口地区的沈丘、淮阳、项城、郸城和驻马店、许昌、信阳、商丘、开封,以及安徽、江苏北部等地。

(1) 外貌特征 黄淮山羊体躯结构匀称,骨骼较细。鼻梁平直,面部稍微凹陷,下颌有髯。分有角和无角2个类型。有角者,公羊角粗大,母羊角细小,向上向后伸展呈镰刀状;无角者仅有0.5~1.5厘米的角基。下颌有髯,颈中等长,胸较深,肋骨拱张良好,背腰平直,体躯呈桶形。公羊体格高大,四肢强壮;母羊乳房发育良好,呈半圆形。被毛白色,毛短粗,有丝光,绒毛很少。

(2) 生产性能 黄淮山羊成年公羊体重为34千克左右,成年母羊体重为26千克,肉质鲜嫩,膻味小,屠宰率为45%左右。产区习惯于当年羔羊当年屠宰。黄淮山羊具有性成熟早、生长发育快、四季发情、繁殖率高等特征。一般5月龄母羔就能发情配种,部分母羊1年2胎或2年3胎,产羔率平均为230%左右。

黄淮山羊皮板质量好，皮板呈蜡黄色，细致柔软，油润光亮，弹性好，是优良的制革原料。黄淮山羊对不同生态环境还有较强的适应性，是黄淮平原地区的优良山羊品种。其缺点是个体小，通过与肉用型山羊杂交，加强饲养管理，可提高黄淮山羊的产肉性能。

6. 关中奶山羊

关中奶山羊（彩图9）因产于陕西省关中地区而得名。以陕西富平、三原、泾阳、宝鸡、武功、蒲城、临潼、大荔、乾县、蓝田、秦都、阎良等地为生产基地。陕西省关中奶山羊存栏量在百万只以上，其基地地区的奶山羊数量占全省的95%，而奶山羊存栏数量、向各地提供的良种奶山羊数都在持续增加，这些地方成为全国著名奶山羊生产繁育基地，故八百里秦川也有"奶山羊之乡"的称誉。

（1）外貌特征 关中奶山羊为我国奶山羊中的著名优良品种。其体质结实，结构匀称，遗传性稳定，乳用型明显。头长额宽，鼻直嘴齐，眼大耳长。母羊颈长，胸宽背平，腰长尻宽，乳房庞大，形状方圆；公羊颈部粗壮，前胸开阔，腰部紧凑，外形雄伟，睾丸发育良好。四肢端正，蹄质坚硬，全身被毛短、色白。皮肤呈粉红色，耳、唇、鼻及乳房皮肤上偶有大小不等的黑斑，大部分羊无角，部分羊有角和肉垂。成年公羊体高在85厘米以上，体重在70千克以上；母羊体高不低于70厘米，体重不少于45千克，体形近似于萨能奶山羊，具有头长、颈长、体长、腿长的特征，俗称"四长羊"。

（2）繁殖性能 公、母羊均在4~5月龄性成熟，一般在5~6月龄配种，发情旺季在9~11月，以10月最甚，发情周期为21天。母羊妊娠期为150天，平均产羔率为178%。公羔初生重为2.8千克以上；母羔初生重为2.5千克以上。种羊利用年限为5~7年。

（3）生产性能 关中奶山羊以产奶为主，产奶是其主要经济指标之一。关中奶山羊产奶性能稳定，产奶量高，奶质优良，营养价值较高。一般饲养条件下，优良个体一般泌乳期为7~9个月，平均产奶量一产时可达450千克，二产时为520千克，三产时为600千克以上，高产个体可达800千克以上。鲜奶中含乳脂为3.8%左右。

关中奶山羊是一个非常适应平原地区饲养的乳用品种，多年来已经向全国各地输出，在大多数地区表现良好。在良好的饲养管理条件下，产奶量有显著提高。

7. 济宁青山羊

济宁青山羊（彩图10）产于山东的菏泽和济宁，现已推广到东北、西北、华南等地，是具有独特毛色和花型的羔皮山羊品种。

(1) 外貌特征 公、母羊均有角，有髯，体格小，结构匀称。颈细长，背平直，尻微斜，四肢短而结实。因黑白两色毛混生而使被毛呈青色，又因黑白两色毛比例不同，可分为正青色、铁青色和粉青色。外形特征为"四青（背、唇、角、蹄）一黑（前膝）"。按照被毛的长短和粗细分为长细毛、短细毛、长粗毛和短粗毛4种类型。其中长细毛和短细毛类型的羊所产的羔皮质量最好。

(2) 繁殖性能 济宁青山羊繁殖性能优异，性成熟早，母羊在2月龄发情，6~7月龄初配，当年产羔；母羊长年发情，1年可产2胎或2年3胎，一胎多羔，产羔率为290%左右。

(3) 生产性能 成年公羊体高为55~60厘米，体重为30千克；成年母羊体高为50厘米，体重为26千克。济宁青山羊的主要产品"青猾子皮"是羔羊出生13天内屠宰剥取的羊皮，有独特的毛色和美丽的花型，花型有波浪花、流水花、片花、隐花等多种类型（图1-4和图1-5），以波浪花最为美观。皮板轻，是制作翻毛大衣、皮帽、皮领的优质原料。

图1-4 波浪花青猾子皮

图1-5 流水花青猾子皮

8. 沂蒙黑山羊

沂蒙黑山羊是山东省地方优良品种，主要分布在山东泰山、沂山山区，以沂河、沭河流域上游的沂源县、沂水县、蒙阴县和费县等为中心产区。

(1) 外貌特征 沂蒙黑山羊体躯高大，结构匀称，头短额宽，眼大有神，颌下有髯，多数有角；颈肩结合良好，背腰平直，胸深，肋较圆，四肢端正有力，尾短上翘；被毛呈黑色、青灰色，全身黑毛的占70%左右。

(2) 繁殖性能 母羊在4~5月龄、公羊在6~7月龄时达到性成熟；母羊在8~9月龄、公羊在1岁时可初配。沂蒙黑山羊可长年发情，1年1~2胎或2年3胎，平均产羔率在140%以上。

(3) 生产性能 沂蒙黑山羊的公羔初生重平均为1.81千克，母羔初生重平均为1.76千克。沂蒙黑山羊肉质细嫩、色泽鲜红、味道鲜美、膻味小，是理想的高蛋白质、低脂肪营养保健食品。沂蒙黑山羊屠宰年龄为6~10月龄，体重为20千克左右；屠宰率为46%~51.2%。

第二章
科学选种引种，向良种要效益

第一节　引种的误区

一、种羊选择的误区

1. 忽视良种在生产中的作用

不同品种羊的生产性能差异很大。我国幅员辽阔，生态条件各异，各地经过长期的自然选择和人工选育培育出一批具有地方特色的山羊品种。这些地方品种多具有性成熟早、耐粗饲、适应性强、繁殖率高等特点，如马头山羊、南江黄羊等。这些品种在推动当地养羊业发展中发挥了重要作用。但在品种结构上，同一品种内真正生产性能高的群体所占比例不大，生产性能高低变化范围较大。大部分品种普遍存在个体小、肉用性能差的缺陷。这些品种的产肉性能与国外优良品种相比差距较大。如产于南非的波尔山羊等国外优良品种的共同特点是体躯大，后躯丰满，肉用性能好，成年公羊平均体重在110千克以上，成年母羊体重在70~90千克，繁殖率高（繁殖率为160%~200%），生长速度快（羔羊期日增重在300克以上），饲料转化率高。

有些羊场单纯强调地方品种适应性强，往往阻碍了外来良种的进入和推广。应正确认识良种及其作用。良种是适合一定市场条件、一定气候条件的高产品种。良种不仅有好的生产性能，也要适应饲养地的气候特点和市场要求，只追求高产而忽视适应性和市场要求是不行的，只追求适应性而不注意高产性能也不行。品种是获得高产高效的基础，只有选择优良品种，才能获得较好的效益。加强良种引进，提高良种率，才能提高生产性能。

2. "优良品种"与"种羊"概念不清

优良品种是高产的基础,但优良品种中个体间的差异也是很大的,并不是一个优良品种种群内的每一只羊都可以作为种羊。但生产中存在"优良品种"与"种羊"概念不清,将一些比较优秀的品种中的每一个个体都当作繁殖用种羊进行销售和使用,似乎认为"优良品种"就等于"种羊"。结果影响到羊的生产性能和羊场的经济效益。

优良品种中个体间的差异是很大的,正因为存在这种差异,品种羊才需要鉴定并被分为不同的等级,不断进行选优汰劣。选择种羊时,应该在优良品种中选择好的个体,种羊是各品种中最优秀的可用来繁殖后代的个体,通常是从后备种羊群中精选出来的特级、一级个体。种羊选择一般从以下3个方面入手:一是从初生重大和生长各阶段增重快、体形好、发情早的羔羊中选择;二是从优良的公、母羊交配后代中的全窝都发育良好的羔羊中选择,母羔应选择母亲在第二胎以上的经产多羔羊;三是要看后备种羊所产后代的生产性能,是不是将父、母代的优良性状传给了后代,凡是优良性状遗传力差的个体都不能选留。

后备母羊的数量一般要达到需要数量的3~5倍,后备公羊的数量也要多于需要量。因此,不论是地方品种还是培育品种,所有可保留或发展的品种都是选留其中少数优秀个体用作种羊,而不是将它们全部用作种羊,即使是很优良的品种也不例外。

3. 过分追求大型肉羊品种而忽略其适应性

有些人认为肉羊体格越大越好。因此,在购进种羊时首先选择体格较大的品种。事实上最优秀的肉羊品种不一定是体格最大的。这是现代畜牧学与传统畜牧学在认识上的差异。

20世纪70年代以后,随着化学纤维生产技术的发展、羊毛价格的下降和人们消费水平的提高,世界养羊业出现了全面转向,即从毛用羊养殖转向肉用羊养殖,再从成年羊肉生产转向以优质肥羔肉生产为主。由于用于羔羊肉生产的品种必须具备繁殖力高(早熟、产羔多)、前期生长速度快、适应性强等特点,而体格较大的羊通常不具备这些特点。目前市场上最受欢迎的羊肉是优质羔羊肉,因此最受欢迎的肉羊品种，尤其是用作终端父系品种的山羊品种多为体格中等的羊。另外，产肉多而适应性差的羊也不是理想的种羊品种来源。在相同饲养管理和羊群规模条件下，适应性强的品种患病概率小、死亡率低，可以获得更多的羔羊，并可减少治疗疾病的医药费和人工费。同时，获得的羔羊越多，饲养成本就越低，饲养利润就越高。

4. 选留种羊时只注重表型性状

表型性状是一只羊在特定条件下的性状表现，也是最为直观的表现。如对于同一群体的商品肉羊，尤其是羔羊而言，体格大的羊能够提供相对多的羊肉。但体格大小只是一种表型性状，这种性状能否稳定地遗传给后代，仅参考表型性状是不够的，还要依据其他因素做出判断。如环境条件，被比较和选择的羊是否处于相同的饲养管理环境。生活在较为优越的营养条件下的羔羊（如单羔由奶量充足的母羊哺乳）就比生活在逆境中的羔羊（一胎多羔的羔羊、营养不足或患过疾病）长得快。处在这 2 种环境下的羔羊体格大小就没有可比性。生产中存在选留种羊时只注重表型性状，不进行系统了解和分析，结果选留的种羊质量差，影响繁殖性能和后代表现。

选择繁殖用公、母羊时，不仅要看某些羊自身的表现，还要进行系统了解。一是看祖先（掌握父母和其他祖先的资料）。祖先品质的好坏能直接遗传给后代。故选种时要对其上几代羊的生产性能（如体重、产肉量、繁殖力、产奶量等）和体形外貌进行认真的考查，好的祖先才能有好的后代。具体做法是：有针对性地将多个系谱的资料进行分析对比，即亲代与亲代比，祖代与祖代比。但比较重点应放在亲代上，因为更高代数的遗传相关意义较小。比较生产性能时，应注意其年龄和胎次是否相同，若不同应进行必要的校正。在研究祖先性状的表现时，最好能关联当时的饲养管理条件，同时注意各代祖先在外形上有无遗传缺陷。另外，要注意系谱中各个个体主要性状的遗传稳定程度。凡母亲的生产力大大超过羊群平均数，父亲经后裔测验证明为优良个体，或所选后备种羊的同胞也都高产，这样的系谱应给予较高的评价。对一些系谱不明、血统不清的公羊，即使本身表现不错，开始阶段也应当控制使用，直到取得后裔测验证明后才可确定其使用范围。二是看同胞（掌握同胞资料）。根据种羊同胞的平均表型值进行选择。同胞选择适用于一些限性性状的选择，如产羔率、产奶量等性状的表现都限于母羊，在选择公羊时虽然可根据系谱资料予以选择，但对数量性状的选择准确性有限，需根据同胞的相关资料进行选择。这种方法也适于一些活体上难以准确度量的性状和根本不能度量的性状（如胴体品质）及低遗传力性状。三是看后代（掌握后裔资料）。种羊的好坏，最终是根据其后代来断定的。后代好就证明该种羊有较好的遗传性，因此可根据后代的特性判断种羊的好坏，只要后代不理想就不能作为种用，尤其是公羊。应根据种羊后裔的平均表型值进行选择，也就是在一致的条件下对公畜的后代进行对比测验，然后按各自后代的平均成绩决定对亲本的选留与淘汰。后裔选择准确性高，是评定种羊价值最可靠的方法，但种羊选定所需时间较长，大大延长了世代间隔，减慢了遗传进展，增加了种羊的养殖成本。

二、引种时存在的误区

种羊质量关系到羊场的生产水平和经济效益，但生产中存在无引种计划和不了解种羊场情况就盲目引种、不注重种羊选择、引种管理不善等误区，直接影响到引进种羊的质量。要避开这些误区，需做到以下5点。

1. 制订完善的引种计划

羊场应结合自身的实际情况和种群更新计划确定所需品种和数量，有选择地购进能提高本场羊的某种生产性能、满足自身要求的种羊，并只购买与自己的种羊健康状况相同的优良个体。新建羊场应从所建羊场的生产规模、产品市场定位和羊场未来发展的方向等方面进行计划，确定所引进种羊的数量、品种和代别，并根据引种计划选择种羊质量高、信誉好的大型种羊场引种。必须从没有疫病流行的地区、并经过详细了解的健康种羊场引进种羊，同时也要了解该种羊场的免疫程序及其具体免疫情况。

2. 做好引种准备

准备好隔离舍。隔离舍距离生产区最好有300米以上的距离，在种羊到场前的10天（至少7天）应对隔离舍及用具进行严格消毒，可选择质量好的复合酚消毒剂，进行多次严格消毒。准备好药物及医疗器械。应常备清热解毒、抗菌消炎、驱虫消毒类药物，如安乃近、青霉素等，以及金属注射器、听诊器、温度计等常用医疗器械。

3. 注重种羊选择

种羊要求健康、无任何临床病征和遗传疾病，营养状况良好，发育正常，四肢强健有力，体形外貌符合品种特征和本场要求，耳号清晰。种公羊要求活泼好动，睾丸发育匀称，包皮没有过多积液，最好选择见到母羊能主动爬跨、性欲旺盛的成年公羊作为种羊。母羊生殖器官应发育正常，阴户不能过小和上翘，应选择阴户较大且松弛下垂的个体，乳房发育良好、均匀，四肢有力且结构良好。

4. 注意运输管理

对运输车辆和用具进行严格消毒，并开具消毒证明。供种场提前2小时对准备运输的种羊停止投喂饲料。装车时不能装得太挤，注意保护种羊的肢蹄，装车结束后应固定好车门。长途运输的车辆，车厢最好能铺上垫料，降低种羊肢蹄损伤的可能性；所装载种羊的数量不要过多，装得太密会引起挤压而导致种羊死亡。可将运载种羊的车厢隔成若干个隔栏，达到性成熟的公羊应单独隔开。运输过程中要注意防寒、保暖，防风吹、雨淋、日晒，途中要供应饮水。加强途中观察，发现异常情况应及时采取有效措施。运输要平稳、快速，尽早到达目的地。

5. 加强引入后的管理

种羊到场后必须先进隔离舍，立即对车辆、羊及车周围地面进行消毒，然后将种羊卸下，按大小、公母进行分群饲养，有损伤及其他非正常情况的种羊应立即隔开单栏饲养，并及时治疗处理。先给羊只提供饮水（水中可添加电解多维，以减少应激），休息6~12小时后方可供给少量饲草，第2天开始放牧，由近到远，逐渐加大放牧强度。每天要做好补料的工作，每只羊每天补青草1.5~2.5千克、玉米粉100~150克、细米糠50克、食盐5克，同时给予充足的饮水。种羊到场后的前2周，由于疲劳加上环境的变化，机体对疫病的抵抗力会降低，饲养管理上应注意尽量减少应激，可在补料中添加抗生素（可用泰妙菌素每千克体重50毫克、金霉素每千克体重150毫克）和多种维生素，使种羊尽快恢复到正常状态。种羊到场1周后，应按本场的免疫程序接种传染性胸膜肺炎等各类疫苗，隔离饲养30~45

天,并严格检疫。对布鲁氏菌病等疫病要特别重视,必须采血送有关兽医检疫部门检测,确认没有细菌感染和病毒感染,并监测传染性胸膜肺炎、口蹄疫等的抗体情况。种羊在隔离期内接种各种疫苗后进行一次全面驱虫,可使用多拉菌素或伊维菌素等广谱驱虫剂采用皮下注射法进行驱虫,使羊能充分发挥其生长潜能。隔离期结束后,对该批种羊进行体表消毒,再转入生产区投入正常生产。

第二节 提高良种效益的主要途径

一、规范引种的步骤

(1) 制订引种调运计划和方案 根据生产需求和目的,制订切实可行的引种调运计划和方案。所引品种产地的环境和自然条件必须与当地的环境和自然条件基本一致,避免因山羊生活环境、生活规律改变较大产生应激反应,甚至引发疫情和死亡,造成经济损失。

(2) 选择引种场 选择的引种场应在非封锁区,应取得相关部门颁发的种畜禽生产经营许可证和动物防疫条件合格证等;养殖档案健全完整,种羊系谱清楚,记录完善,所引品种生产水平高,羊群规模大,以便于挑选;场内动物防疫制度健全完善,消毒卫生行为操作规范,管理严格,同时配套服务质量高,有较高的信誉度。

(3) 严格挑选,把好羊的品质关

1) 查阅系谱,保证所引羊系谱清晰、血统正、遗传性能稳定。

2) 凭父代、祖代、曾祖代的表现成绩选择,同品种的羊要选生产性能高的品系。

3) 严格选择个体优秀、本品种特征明显的种羊。母羊要求雌性特征明显,乳头发育良好、乳头数齐、无瞎乳头、阴门大、背腰平直、后躯发达。公羊要求雄性特征明显,睾丸大而对称、四肢粗壮。

(4) 做好引种前的申请报告 根据《中华人民共和国动物防疫法》规定,"跨省、自治区、直辖市引进乳用动物、种用动物及其精液、胚胎、种蛋的,应当向输入地省、自治区、直辖市动物卫生监督机构申请办理审批手续,并依照本法第四十二条的规定取得检疫证明"。引种之前首先向当地动物卫生监督机构提出申请报告,经当地动物卫生监督机构的许可才能引种。

（5）做好引种前的准备工作

1）准备好相关药品、器械等，特别是远距离运输山羊时要准备一些常用的药物，用于途中羊发病时的应急处理。

2）准备好所引山羊的饲草饲料，按照所引山羊的营养需求备好饲料，要求草料新鲜。为避免所引山羊因饲料的突然更换而引发疾病，最好带一些输出地原来饲喂的饲料，到达目的地后混合本地饲料使用，逐渐过渡到本地的饲料。

3）准备好隔离舍，隔离舍距离饲养地的羊群至少在500米，冬天做好保温，夏天做好降温，防止因过热或过冷引发疫病。

4）准备好引进羊所需的抗应激饲料添加剂、疫苗、药物，以备需要时使用，确保引进山羊的健康。

（6）严格消毒，凭证运输

1）做好调运羊的车辆消毒工作，对运载山羊的车辆、用具、饲槽等做到严格消毒，可用3%～4%的烧碱溶液喷雾消毒2～3次。

2）做好所引羊的隔离舍及场地消毒，可选用不同类型的消毒药物和消毒方式。同时，根据《中华人民共和国动物防疫法》的规定，"跨省、自治区、直辖市引进的乳用动物、种用动物到达输入地后，货主应当按照国务院兽医主管部门的规定对引进的乳用动物、种用动物进行隔离观察"，如种羊需要隔离观察30～45天。

（7）严格检疫　《中华人民共和国动物防疫法》第四十二条规定，"屠宰、出售或者运输动物以及出售或者运输动物产品前，货主应当按照国务院兽医主管部门的规定向当地动物卫生监督机构申报检疫"。本法第四十三、四十四条分别做了凭检疫证明、检疫标志运输相关动物的规定。经过输出地动物防疫监督机构对所引品种进行产地检疫，通过查阅档案、临床检查，还要提供种羊的小反刍兽疫、布鲁氏菌病等病的实验室检测资料。对检疫合格的动物出具动物检疫合格证明。货主和/或承运人持证明运输。

（8）做好运输管理工作，减少羊的应激反应

1）选择的运输车辆要大小适中，确保羊不拥挤，应分层、分格且相对固定，避免过多空间而引起碰撞。车辆必须经过严格的清洗消毒，车上应垫上垫草等缓冲碰撞。

2）在装车时要注意羊的体重，尽可能将羊按体重大小分别装车。对于特别烦躁、凶猛的个体，可适当注射镇静剂，避免野蛮装卸造成损伤。

3）运输时尽量减少应激因素，如在夏季运输选择阴凉天气，避免高温，防止中暑，注意饮水供应；在冬季运输要防寒保暖，防止贼风。在运输途中尽量做到匀速行驶，在路况差、转弯时保持车辆平稳，尽量减少颠簸及紧急刹车造成的应激。

（9）规范处理病、死羊 及时报告途中羊发病、死亡情况，规范病死羊的无害化处理。在运输途中常常由于碰撞挤压、饥饿、冷热刺激等应激因素引起羊的抵抗力下降，导致发病。一旦发现传染病或疑似传染病必须停止运输，向就近的动物防疫监督机构报告，采取紧急措施，防止疫病传播。不得随意宰杀、出售或乱扔在运输途中病死的羊，要在当地动物防疫监督机构的监督下，按有关要求和规定进行无害化处理。

（10）做好抗体检测，防止疫病传入 输出地必须按动物疫病的免疫程序对羊进行程序化免疫，佩带耳标，必须提供免疫档案和相关治疗资料，必须提供实验室抗体检测报告，如口蹄疫、小反刍兽疫、布鲁氏菌病等。到达目的地后应对引进的羊再次进行抗体检测，发现病羊要及时进行隔离治疗和无害化处理，防止疾病传播。

（11）强化免疫，加强饲养管理 当引进的羊到达目的地时，除隔离饲养观察外，还要再进行1次相关的一、二类动物疫病的免疫注射（如口蹄疫、羊痘等），确保山羊健康。为减少山羊长途运输和异地迁移饲养造成的应激，应加强饲养管理，羊进场后应先供给清洁饮水，并添加电解质、维生素（维生素C、B族维生素、维生素E等）让其自由饮用，在羊充分休息4~8小时后再喂少量原场的饲料，之后进行6~10天饲料过渡，逐渐减少原场的饲料，增加自有饲料，使羊进入正常状态。

（12）加强观察，发现病羊应尽早、尽快治疗 引进的种羊发病后要做好隔离治疗，其他健康羊饲料中可适当添加药物进行预防，保证环境卫生，加强管理，确保健康。对病死羊要严格按照有关规定进行无害化处理。

(13) 隔离观察 调入的种羊到达后,在指定场所进行隔离,调入前场地应经过严格消毒,调入后隔离30~45天,并进行必要的疫苗接种和实验室检测,检测结果均为阴性且临床检察健康方可混群饲养。

二、做好种羊的调运工作

(1) 车辆消毒 在运羊前2小时,用高效的消毒剂对车辆和用具进行2次以上的严格消毒,最好能空置1天后装羊,在装羊之前用刺激性较小的消毒剂彻底消毒1次,并开具消毒证明。

(2) 要办好各种手续 需要准备好相关手续,包括购羊发票、动物检疫合格证明、种羊调运许可证,以备途中检查。

(3) 运输途中注意事项

1)要减少应激和肢蹄损伤,要避免羊在途中死亡和感染疫病。运输前2小时停止给羊饲喂饲料。装车时不能太急,防止羊受到损伤。

2)应避免紧急刹车,也不能与其他动物混装。

3)冬季要注意保暖,夏季要注意防暑,途中还要注意供应饮水,每天要供水2次以上。

4)应注意观察羊群,如果羊出现呼吸急促、体温升高等异常情况,应及时采取措施,可注射抗生素和镇痛退热针剂,必要时可采用耳尖放血疗法。

5)长途运输时,最好在车厢内铺上垫料,垫料可以是稻草、谷壳等;装载的羊的数量不要太多,将车厢隔成若干个隔栏,最好用光滑的铁管制成隔栏,避免刮伤羊只;达到性成熟的公羊应单独隔开。

6)应对每只长途运输的种羊按照每千克体重0.1毫升注射长效抗生素,以防运输途中羊感染细菌性疾病;对于临床上表现特别兴奋的种羊,可以注射适量的氯丙嗪等镇静剂。

三、引种时的注意事项

1. 引种前的考察

部分养殖户觉得养殖山羊能够赚钱,就盲目地购买山羊进行饲

养,这样可能会造成很大的经济损失。为了避免盲目引种,首先要考察以下几个方面:

(1) 养殖条件 养殖环境、场地是否适宜,草料的供应是否充足,是决定养羊是否成功的主要因素。从低海拔地区引种到高海拔地区(2500米以上),羊容易产生呼吸道疾病;从炎热地区引种到寒冷地区不利于羊安全过冬,羔羊容易被冻死。养羊要考虑场地大小、保温防暑是否到位、水源是否充足等。估算前期的准备和投入,包括土地租金、人工成本等。由于养羊需要充足的草料,解决了草料供应的问题养羊就成功了一半。种草养羊是成本最低的解决办法之一,土地面积越大,供应的草料越充足,但面积越大需要的租金就越高,怎么合理投入是一个必须考虑的因素;是否放养也是一个考虑因素,放养可以减少基础建设,也减少了前期投入,山羊舍饲要比放养增加至少50%的人工成本。水源取用是否方便也是影响前期投入的一个因素。

(2) 成本预算 要对羊场销售的产品进行定位,种羊的引种价格、应办理的手续和应准备的养殖条件因养殖的商品羊的品种不同而有很大的差别。根据资金投入的多少来决定养殖规模大小,资金投入包括修建羊舍及完善基础设施,购买种羊,购买饲料饲草,人工工资,土地费用等。

2. 种羊的引进

引进种羊需要考虑的因素有:产品定位、系谱档案、疾病、运输、隔离、饲养。

(1) 山羊的产品定位 产品定位就是确定生产出的山羊是作为肉用山羊还是种羊销售,如果是作为肉用山羊销售,则公羊和母羊可以引进不同的品种。比如波尔山羊公羊与本地山羊母羊杂交,具有杂交优势,会对本地山羊周岁前的生长速度、产肉性能、屠宰率有较大提高。如果是作为种羊销售,公羊和母羊的品种必须一致,应从具有种畜禽生产经营许可证的种羊场引种,而且公羊的血缘应保证在6代或6代以上,避免近亲繁殖。

(2) 筛查疾病 在引种前,要考虑引种地的疾病发生情况,要求引进的种羊都要进行过相关的一类、二类动物疫病的免疫,并且单独对口蹄疫、布鲁氏菌病等进行抗体检测,然后形成检测报告报备给

引种地的检疫部门。对引种地的常见疾病也需要进行提前免疫。

(3) 考察系谱档案资料 引种时,首先要对系谱资料进行比对,所引进的种公羊要查到3代以上血缘,且保证引进场内至少有6代血缘。对引入的种母羊和种公羊进行血缘关系清理后,应制订相应的配种计划表,并按照配种计划表进行配种。引种时,种羊卡片、疫苗注射的时间、动物检疫合格证明、种畜禽生产经营许可证、动物防疫条件合格证等资料必须齐备,便于以后查找。

(4) 运输注意事项 在种羊运输前,应对要引进的种羊全部进行产地及引进地常见传染病的免疫注射,待15天后再进行口蹄疫、布鲁氏菌病的实验室检测(具有检测报告才能出具动物检疫合格证明)。如果有不合格的种羊则要剔除,全部合格后才能运往目的地。运输前12小时,只给羊饲喂少量的干草和水,避免运输过程中造成羊的肠胃损伤。运输时,对运输的车辆应彻底消毒,并出具消毒证明。同时,还要把途经地区的流行病学情况了解清楚,如果有疾病发生,必须提前做好准备,尽量避免中途停留,以免感染疾病。如果是长途运输,要准备一些常见疾病的治疗药物。种羊的最佳运输温度在15~25℃,温度较高或较低都容易造成羔羊或体弱羊死亡。隔离观察和山羊到达目的地后的饲养管理极为重要,要尽快改变羊的体况,增强引进对各种疾病的抵抗力,减少疾病发生,降低死亡率。另外,对引进的种羊要进行隔离观察,30~45天确定无疾病或无异常方可合群。

【提示】

羊只运输到场后,当天饲喂少量的青干草和加有电解多维的饮水。第2天开始用输出场的饲草进行一定的过渡,3天后加入精料,然后逐渐换成输入场的常规饲草,一般过渡期为7天左右。

另外,还要做好引入羊只的免疫接种工作,如羊传染性胸膜肺炎灭活疫苗、羊三联四防灭活疫苗、羊痘活疫苗等。同时还要做好相应的驱虫工作。

第三章
科学使用饲料,向成本要效益

第一节 饲料加工与利用的误区

一、饲料配制的误区

规模化养羊少不了需要自己配制饲料,不同规模、不同生长阶段对饲料的要求也不同。据了解,很多养殖户在自己配饲料时会进入一些误区,如导致饲料营养不足(很多养殖户舍不得用精料),也有的因部分物质添加过量而导致羊死亡(有的因多给精料造成羊瘤胃酸中毒,有的因多添加了添加剂导致羊死亡)。

1. 误认为饲料种类越多越好

选用的饲料种类不是越多就越好,要根据羊在不同时期的需求来拌入。饲料中营养不全或过剩均会影响羊的生产性能,特别是矿物元素,供给量一旦过多,羊便会出现中毒症状。

2. 不按不同生长阶段的饲养标准配料、饲喂

应根据羊在各个生长阶段的不同营养标准配制饲料,在各个阶段饲喂不同能量水平、蛋白质水平的日粮,而不是一个配方标准喂到出栏。

3. 盲目添加抗生素等非营养性添加剂

适当添加促生长添加剂可以促进羊的生长,提高生产性能。但是盲目添加或同类药物重复添加,或滥用抗生素,会使畜产品中药物残留超标或产生耐药性,影响人类自身健康。

4. 误认为饲料中蛋白质含量越高越好

蛋白质在一切生命过程中起决定作用,是羊新陈代谢、生长发育所必需的营养物质。但是一旦蛋白质含量过高,不仅会造成蛋白质浪费，而且会加重羊的肝、肾脏等器官的负担，也会污染环境。

5. 精料调制过于简单

目前，舍饲养殖户普遍存在补饲精料时只喂未经加工的玉米或者麸皮，而不进行合理配制和加工调制的情况，造成羊只营养摄取不平衡和饲料浪费，无形中增加了饲料成本。

6. 忽视对品质差的粗饲料的加工调制

粗饲料是饲养肉羊的基本饲料，在农区主要以农作物秸秆为主。秸秆饲料质地粗硬、适口性差，营养价值低，转化率不高，直接用这种饲料饲喂羊，势必会降低肉羊的生产性能，应对其进行一定的加工调制。

二、配合饲料选用的误区

配合饲料是根据畜禽的营养需要配制的，能完全满足畜禽生长发育及生产所需营养的饲料。许多养殖户在选购和使用配合饲料时存在以下误区：

1. 不对生产厂家和品牌进行挑选

一些养殖户购买饲料时，不注意分辨生产厂家和品牌，随便购买。目前市场上生产厂家很多，选购饲料时要认准信誉好的生产厂家，建议选择由科研单位试验后推广应用的产品。

2. 不按畜禽种类和生长发育阶段选购

配合饲料是按不同畜禽种类，不同生产目的配制的，选用时一定要按照配合饲料的说明"对号入座"。

3. 仅凭外观鉴别饲料优劣

一些养殖户误认为色好味香，饲喂后粪便呈黑色的饲料就是好饲料。事实上，很多时候这种情况是因为饲料中添加了黄色素、香味剂及高剂量的铜造成的，并不一定证明饲料的质量好。鉴别饲料的优劣，主要看饲喂后的效果如何。还可以从产品外包装上进行鉴别，一看饲料有无产品合格证，不要购买无合格证的饲料产品。二看有无饲料标签。饲料标签一般在包装袋的封口处。饲料生产企业的饲料产品必须附具饲料产品标签，没有标签的饲料，根据有关规定不能出售，也不能购买。三看保质期。保质期是饲料标签上应注明的内容之一，凡超过保质期及没有注明保质期的配合饲料，不要购买。

4. 饲喂配合饲料时搭配其他饲料

有些养殖户把配合饲料当作精料使用，再搭配糠麸、豆饼等其他粗料、精料，以求降低饲料成本。殊不知这样会造成饲料营养成分不平衡，达不到饲喂的预期效果。

5. 加水饲喂

配合饲料为粉状和颗粒状，用于干喂。有些养殖户在使用时加水拌成湿料后再喂，这就失去了工厂将配合饲料加工成颗粒状或粉状的目的。可另备水槽或自动饮水器，供羊饮用。

6. 饲料添加剂使用不合理

饲料添加剂可以完善日粮的全价性，提高饲料转化率，促进羊生长发育，防治某些传染病，减少饲料储藏期间营养物质的损失或改进产品品质等。添加剂有营养性添加剂和非营养性添加剂。在使用饲料添加剂时有以下误区，一是不了解饲料添加剂的性质特点，盲目选择和使用；二是不按照使用规范使用；三是搅拌不均匀；四是不注意配伍禁忌，影响使用效果。

三、饲料饲喂的误区

1. 忽视饲草、饲料的储备工作

应做好饲草、饲料的储备工作，保障供给。同时要选用合适的饲草调制和储存方法，保证饲草料的质量。

2. 不注意饲料是否干净

喂草喂料时，应准备简单的草架和饲槽，减少饲草的浪费，以提高饲料的利用率。饲喂胡萝卜、马铃薯、甜菜等块茎块根类多汁饲料时，均要洗掉污泥等杂质，切碎后饲喂。不论干草、青贮饲料或多汁饲料，如有霉烂变质，均不可用来饲喂。

3. 不注意饲喂时间

不论实行何种饲养方式，都应该做到精粗饲料定时饲喂。如是放牧饲养的山羊，应实行早晚两次补饲，即早晨放牧前饲喂干草，傍晚时再饲喂精料，然后才给予适量的秸秆。

4. 不注意防疫和驱虫

不论实行何种饲养方式，都应定期给羊进行防疫和驱虫。山羊感染消化道寄生虫病后，春季就特别容易发生痢疾、消瘦，以至死亡。

因此，在秋冬季节应给予山羊科学合理的饲养条件，确保山羊安全越冬过春，使其健康生长。

第二节　提高饲料转化率的主要途径

一、熟练掌握山羊的营养需要

营养需要是指山羊为了维持身体健康，保持正常生长和得到理想的生产成绩，在适宜的环境条件下，对能量、蛋白质、矿物质、维生素等营养物质的需要量。营养需要主要包括维持需要和生产需要两大部分。维持需要是指山羊维持正常生命活动，即体重不增减又不生产的情况下，维持其基本生命活动所需的营养物质；生产需要包括山羊的生长、育肥、繁殖、泌乳等生产条件下的营养需要。

1. 水

水是动物有机体一切细胞和组织的必需成分，其含量一般占体重的50%~75%，如初生羔羊体内含水量为73%，营养中等的山羊体内含水量为54%。水的主要功能是运输养料、排泄废物、调节体温、帮助消化、促进细胞与组织的化学反应及维持机体的渗透压等。不同年龄的山羊体内含水量不同，幼龄动物含水量多，老龄动物含水量少。

山羊的需水量一般为摄入干物质量的3~4倍。当环境温度高时，羊的需水量增加；当矿物质摄入量较多时，羊的需水量增加；当母羊处在妊娠后期和哺乳期时需水量也明显加大。

2. 干物质

采食量的多少是衡量动物生产性能和潜力的一项重要指标。山羊的体况，特别是体重的大小是决定山羊采食量的主要因素，同时，山羊的品种、生理阶段、日粮组成、运动量、环境因素、饲喂方式和饲料适口性等均能影响山羊对干物质的摄入量。另外，饲料类型和营养成分含量不同，采食量也不同。山羊的采食量也受季节的影响，冬季采食量高，夏季采食量低；在20℃时羊的采食量最高，温度超过20℃时采食量开始下降。

3. 能量

能量是饲料的重要成分,也是山羊生产性能的第一限制性营养物质,饲料的能量水平是影响羊生产力发挥的重要因素之一。能量不足,会导致幼龄羊生长缓慢,母羊繁殖率下降、泌乳期缩短等。合理的能量水平,对保证山羊的健康、提高生产力、降低饲料消耗量具有重要作用。山羊对能量的需要与其活动量、生理状况、年龄、体重、环境温度等诸多因素有关。

(1) 羔羊 母乳的营养成分非常丰富,其中的能量可以很好地满足羔羊生长发育的营养需要;对于施行早期断奶的羔羊应使用代乳粉,现有代乳粉的能量含量多接近母乳甚至超过母乳,以便于蛋白质的吸收。

(2) 育成羊 此阶段山羊生长发育较快,其体内新陈代谢的特点是同化作用强于异化作用。育成羊生长过程中的合成代谢需要消耗能量,因此能量水平是决定育成羊增重和体格正常发育的重要因素。

(3) 妊娠期山羊 山羊在配种期和妊娠期都要求饲料保持一定的能量水平,山羊妊娠期内能量水平过低或过高都不利于胚胎的正常发育。

(4) 哺乳期山羊 山羊在哺乳期内通过乳汁排出大量营养物质。为了维持泌乳,应不断供给充足的营养物质和能量来满足母羊体内合成乳汁的需要,特别在母羊产羔后的 4~6 周更是如此。

4. 蛋白质

蛋白质是维持山羊生命、生长、繁殖不可缺少的物质,且必须由饲料供给。饲料中含氮物质总称为粗蛋白质,可具体分为纯蛋白质(真蛋白质)和氨化物。饲料中的氨化物(如尿素)可被山羊利用,具有与纯蛋白质同等的营养价值。蛋白质中包含各种氨基酸,有些氨基酸在羊体内不能合成或合成速度慢,不能满足机体需要,必须由饲料供给,这类氨基酸叫必需氨基酸。山羊瘤胃内微生物具有合成各种氨基酸的能力,所以其对必需氨基酸的要求就没有那么严格。

(1) 羔羊及生长期山羊 在羔羊刚出生阶段,母乳中所提供的可消化粗蛋白质可以满足羔羊的维持和生长需要。山羊体重增长需要以蛋白质为原料,蛋白质需要量随着体重的增加而增长,到一定时期,母乳所提供的可消化粗蛋白质已经不能满足羔羊的维持和生长需要,这就需要从饲料中不断供给蛋白质和必需氨基酸。

(2) 妊娠期山羊 英国农业和食品研究委员会(AFRC,1998)建议,妊娠期山羊的日粮中每天至少要提供 10 克/兆焦的粗蛋白质,才能最大限度地满足微生物合成蛋白质的需要。在妊娠初期,日粮中净蛋白质的含量达到 5.7 克/兆焦时,才能满足瘤胃合成蛋白质的需要。在妊娠的最后 3 周,母羊的能量需要量比较高,所以只要在日粮中添加瘤胃非降解蛋白质(UDP)就能满足母羊对蛋白质的需要。

实际生产中,山羊妊娠到第 3 个月时,对能量的需要量较低,仅仅处于维持水平,日粮中蛋白质含量为 10 克/兆焦时,就能满足母羊的需要。在妊娠中期,如果摄入的能量低于维持的水平,就必须向日粮中添加降解率低的蛋白质或是添加过瘤胃蛋白质,以保证母体蛋白质不受损失。

(3) 哺乳期山羊 处于哺乳期的山羊体重都有所下降,主要是为满足泌乳消耗所致。Cowan 报道,母羊自体组织转化为泌乳需要的转化率和日粮的蛋白质摄入量之间有着密切联系。在哺乳期的前 6 周内,母羊的体重减少 4~8 千克。Cowan 还指出,在哺乳期的第 6~42 天中,母羊的体重平均减少 4.3 千克,蛋白质平均损失 800 克,约占体蛋白质含量的 10%。如果母羊对能量的摄入量能够满足哺乳的要求(每天提供 11 克/兆焦的粗蛋白质),可以保证母羊的产奶量为 2 千克/天;为了维持母羊较高的产奶量,必须由饲料供给充分的蛋白质和氨基酸,特别是供给一定比例的瘤胃非降解蛋白质,才能保证较高的产奶量。

5. 矿物质

各种矿物质含量虽然仅为体重的 3%~4%,但却是羊体组织、细胞、骨骼和体液的重要组成部分。一旦缺乏或过量会引起神经系统、肌肉运动、食物消化、营养输送、血液循环和体内酸碱平衡等功能的紊乱,进而影响羊体健康、生长发育、繁殖和生产,甚至导致死亡。根据已有的研究结果,羊对矿物质元素的需要种类约有 23 种,其中包括钠、钾、钙、镁、氯、磷和硫 7 种常量元素,另外还有碘、铁、铜、锌、锰、硒、钼、钴、镍、钒、硅、氟、铬和砷等 16 种微量元素。

（1）钙和磷 钙和磷是构成骨骼的重要成分，比例约为2.2∶1，主要以三钙磷酸盐的形式存在，骨骼中的钙含量占到了体内总钙含量的99%以上，骨骼中磷含量占总磷含量的85%。缺乏钙、磷的羔羊其骨骼生长会受影响，甚至产生佝偻病，成年羊则易引起骨质疏松和骨骼变形。所以日粮中要有适量的钙、磷。

（2）食盐 山羊容易出现钠元素缺乏，因为一般饲料中含钠量不足，缺乏时主要表现为食欲不振，有啃土、舔墙等异嗜现象，哺乳期山羊产奶量下降（每产1千克奶，需要钠0.59克）。

生产实践中常用食盐来补充钠和氯，每千克日粮中添加食盐5克即可满足山羊对钠和氯的需要量。钠、钾和镁三者的代谢相互影响，山羊进食高钾（30克/千克日粮）会影响镁的代谢与沉积，并且钠的代谢也受影响。羊对钾的需要量一般为饲料干物质总量的0.5%~0.8%。

（3）铜和钴 铜可促进铁进入骨髓，参与造血作用；同时还是形成血红蛋白必需的催化剂，可促进红细胞的形成，提高肝脏的解毒能力，促进骨骼的正常发育，因此缺铜也会引起贫血。在缺铜的地区，部分羊会发生骨质疏松症，羔羊发生佝偻病。这是因为缺铜会阻碍血液中的钙、磷在软骨基质上的沉积。铜的需要量为每千克日粮1~10毫克。缺铜的地区可以补饲硫酸铜，但每千克日粮含铜量应控制在50毫克以下，含铜量超过250毫克时，会发生累积性铜中毒，铜中毒时出现血红蛋白尿，组织坏死，严重时可引起死亡。

钴是维生素B_{12}的主要组成部分。山羊瘤胃微生物虽然具有合成B族维生素的能力，但必须供给钴，山羊缺钴时也表现为贫血，幼畜生长停滞，繁殖失常，生产力下降。每千克日粮含钴0.11毫克就能满足山羊对钴的需要量。大多数饲料中含有微量的钴，因此可以不必特意添加。

（4）其他 山羊对碘的需要量为每千克日粮0.4~0.6毫克，当低于0.3毫克时，羔羊就会出现甲状腺肿。锰缺乏会影响山羊的繁殖和羔羊的生长。山羊对锰的需要量应为每千克日粮40~45毫克。山羊对锌的正常需要量为每千克日粮40~60毫克。

6. 维生素

维生素对机体神经调节、组织代谢、能量转化都有重要作用。维生素不足可引起体内营养物质代谢功能的紊乱，特别是若严重缺乏维生素 A、C、D 及 B 族维生素，山羊就会患眼病、皮肤病、软骨症等。枯草季节补饲含维生素丰富的青贮饲料、胡萝卜等青绿多汁饲料，一般可补充维生素的不足。

维生素一般可以被划分为 2 类：一类为脂溶性维生素，即可以溶解于脂肪，包括维生素 A、D、E、K 等；另一类为水溶性维生素，即可以溶解于水，包括 B 族维生素和维生素 C 等。不同维生素缺乏时，可引起山羊不同的症状。

(1) 维生素 A 维生素 A 能促进细胞繁殖、保持器官上皮细胞的正常活动，维持正常视力，可由胡萝卜素转化而成。缺乏维生素 A 时，羔羊表现生长发育受阻，下痢，易患肺炎、感冒；母羊则不易受胎，发生流产、胎衣不下或产瞎眼羔羊，甚至发生蹄壳疏松、蹄冠炎；公羊生殖功能减退，精子数量减少，活力下降，畸形精子增多。缺乏维生素 A 还会导致羊视力下降，出现干眼症或夜盲症。一般成年家畜体内有维生素 A 的储备，初生幼畜无维生素 A 的储备，完全依靠母畜供给。

(2) 维生素 D 维生素 D 与山羊体内钙、磷的吸收和代谢及骨组织的矿物化有关。维生素 D 缺乏时会影响钙、磷代谢，羔羊会出现软骨病和佝偻病，成年羊骨质疏松、关节变形；另外，还会导致羊食欲不振、体质虚弱和发育缓慢。动物体内含有的麦角固醇，经过太阳照晒后可转变成维生素 D。因此山羊需经常接受阳光照射，以满足其对维生素 D 的需求。

(3) 维生素 E 维生素 E 又名生育酚，在体内起催化和抗氧化作用，母羊缺乏维生素 E，会造成不孕、流产或丧失生殖能力。公羊缺乏维生素 E，则精子品质下降、数量减少、无受精能力，最后完全丧失性功能。维生素 E 还具有提高胡萝卜素、维生素 A 吸收和利用率的作用。

(4) B 族维生素 成年羊瘤胃微生物能合成 B 族维生素和维生素 K，一般不会缺乏，羔羊瘤胃微生物区系尚未完善，容易造成维生素

B_2 缺乏，需由饲料供给。维生素 B_2 缺乏时，羔羊表现食欲减退，生长发育受阻，还会影响羊毛再生，导致背上、眼边、耳边及胸部脱毛。青绿饲料、根菜、燕麦、大麦、玉米等籽实和麸皮中富含维生素 B_2。

二、准确了解山羊的常用饲料原料

饲料是发展养羊业的物质基础，因此了解熟悉各种饲料的营养特点和加工方法，可合理利用各种饲料资源，科学配制羊的日粮，更好地提高羊的生产性能，降低饲养成本，增加养羊的经济效益。养羊常用的饲料主要包括粗饲料、青绿多汁饲料、青贮饲料、糟渣类饲料、精料等。

1. 粗饲料

粗饲料是指饲料自然含水率小于45%、饲料干物质中粗纤维含量大于或等于18%的饲料种类。

(1) 粗饲料的营养特点　粗饲料体积大，粗纤维含量高，木质素含量高，消化率低，钙、钾、微量元素的含量比精料高，但磷的含量低，脂溶性维生素的含量比精料高，豆科牧草B族维生素含量高。不同粗饲料蛋白质含量差异大，优质豆科牧草粗蛋白质含量高达20%以上，而秸秆只有3%~4%。

粗饲料可供给羊充足的粗纤维，是羊获取粗纤维的主要来源之一，粗纤维是维持羊的正常消化、反刍所必需的，如果粗饲料供给不足或缺乏，羊反刍次数就会减少，会出现消化不良、腹泻等异常现象；粗饲料是供给羊能量的重要来源；因粗饲料容积大，羊采食后具有饱腹感。

(2) 粗饲料的种类与品质鉴定

1) 粗饲料的种类。粗饲料包括牧草、农作物秸秆、籽实类皮壳、藤蔓等。牧草是指青草或青绿饲料作物在未结籽实以前刈割下来晒干或烘干而成的饲料，包括豆科干草、禾本科干草和野干草等。常见的牧草类饲料有苜蓿干草、羊草、燕麦干草等。农作物秸秆是指农作物收获籽实后的残余物（茎秆、枯叶等），常见的秸秆类饲料有花生秧、麦秸、玉米秸、稻草、谷草、豆秸、地瓜秧等。

① 苜蓿干草。苜蓿是豆科植物，产草量高，适口性好，营养价值居牧草之首，所以又被称为"牧草之王"。苜蓿干草是养羊的优质

粗饲料。它不仅含有丰富的蛋白质、矿物质和维生素等重要的营养成分,而且还含有动物所需的必需氨基酸、微量元素和未知生长因子。在相同的土地上,紫花苜蓿比禾本科牧草所收获的可消化蛋白质含量高2.5倍左右,矿物质含量高6倍左右,可消化养分含量高2倍左右,而且含有其他饲草缺少的维生素和钙、磷等,是饲料中的上品。与其他粮食作物相比,苜蓿单位面积营养物质的产量也较高。优质苜蓿干草适口性好,消化率高,羊喜食,调制干草适宜的收割时间是现蕾期到初花期,过了这个时期其秸秆老化,木质素增多,消化率降低,茎叶减少,蛋白质含量降低,适口性下降。

② 羊草。羊草是营养丰富的禾本科牧草,这类草耐践踏、耐放牧,绵羊、山羊特别爱吃,主要产于我国东北和内蒙古地区,草叶量多、营养丰富、适口性好。调制成干草后,粗蛋白质含量仍能保持在10%左右,且气味芳香、适口性好、耐储存。

③ 燕麦干草。燕麦干草含粗蛋白质中等,无氮浸出物丰富,由于其含糖量高,口感发甜。燕麦干草适口性好,植株高大,茎细软,叶量较多,容易消化,优质燕麦草富含水溶性碳水化合物,其消化吸收快,在瘤胃内可快速分解转化供能;木质素含量低,有效纤维含量高,是优质纤维的重要来源;钾含量平均低于2%,氯离子含量高,特别适合给产前母羊饲喂,有利于预防产后瘫痪的发生。燕麦草是营养丰富的一年生禾本科牧草,调制干草适宜的收割时间,国内普遍认为是抽穗期、开花期,这时干物质的积累没达到最高,但粗蛋白质含量最高;国外普遍认为是乳熟期到蜡熟期,此时干物质积累达到最高,但粗蛋白质含量偏低。

④ 农作物秸秆。这类饲料干物质中含有大量的粗纤维,其含量达30%~45%,而且木质化程度比较高,质地坚硬粗糙,适口性差,不易于消化利用,蛋白质、脂肪和无氮浸出物的含量都比较少,能量价值比较低,每千克干物质的消化能在8.3兆焦以下,除维生素D外,其他维生素都很缺乏。可见秸秆的营养价值比较低,不宜单一饲喂秸秆,应与其他优质干草搭配使用。各类秸秆的营养价值差别很大,一般地瓜秧、花生秧营养价值较高,适口性好,但使用花生秧时要注意有无发霉,注意除去塑料薄膜等异物。谷草、稻草、麦秸、玉

米秸、豆秸等适口性和消化率较差，使用时可通过揉搓、氨化、盐化等加工调制，以提高其消化率。

2）粗饲料的品质鉴定。优质干草是养羊生产中重要的粗饲料，干草的营养价值和品质与其品种、收割时间、加工方法、储存方法等有关，干草的营养价值和品质与收割时间密切相关，调制干草时，豆科牧草要在现蕾期到初花期收割，否则其秸秆老化，木质素增多，消化率减低，茎叶减少，蛋白质含量降低，适口性下降；禾本科牧草以在孕穗期到始花期收割制成的干草营养价值最高，若在开花后收割，其蛋白质含量降低，酸性粗纤维含量增加，适口性和消化率均降低。

【提示】

购买干草时要注意干草的品质鉴定，鉴定时主要通过闻气味、看颜色、观察叶片和花的含量、听声音、看杂质含量等方法进行品质的鉴定。鉴定方法如下：

① 闻气味。优质干草有浓郁的青干草特有的清香味，无其他异味；中等质量的干草清香味清淡或缺乏；劣质干草有霉变味和臭味，不能饲用。

② 看颜色。优质干草呈绿色或青绿色、暗绿色、浅绿色；中等质量的干草呈黄色或黄绿色；劣质干草呈黄褐色或黑褐色。

③ 观察叶片和花的含量。叶量越多，干草的营养物质损失越少，蛋白质含量高。开花少的干草，可消化纤维多，木质素少。优质干草的叶片保留在95%以上；中等质量干草的叶片损失在10%~15%；劣质干草的叶片损失超过15%。

④ 听声音。听声音主要是用来判断水分含量，干草适宜的水分含量应为15%~17%，用手紧握时，发出沙沙声和破碎声，轻轻用手一捏就可折断，茎秆脆软而不粗硬。

⑤ 看杂质含量。干草应无或有极少杂质、杂草等，杂质越少，品质越好。

为了保证干草的质量，还要注意妥善储存购买的干草，最好储存在专门的干草棚内，堆放时应留有一定的通风通道，并离地面有一定高度，注意防水、防潮、防霉变，注意通风和防火等。

2. 青绿多汁饲料

青绿多汁饲料是指天然含水率大于45%的新鲜的野生或栽培的牧草、野菜、鲜嫩藤蔓枝叶、树叶、未成熟的谷物植株和水生植物,以及非淀粉质的块根、块茎、瓜果类等。

(1) 青绿多汁饲料的营养特点 青绿多汁饲料所含营养成分丰富而完全,主要特点是水分含量高,一般可达60%~80%,大部分青绿饲料柔嫩多汁,纤维素含量少,具有良好的适口性和消化率,能增进羊的食欲,促进消化液分泌。按照青绿多汁饲料干物质计算,其中粗蛋白质含量达10%~20%,粗脂肪含量达3%~5%,粗纤维含量达18%~30%,蛋白质中各种必需氨基酸含量比较高,品质比较好,蛋白质的生物学效价可达80%以上。除维生素D外,其他维生素含量都很丰富。

青绿多汁饲料是羊维生素的重要来源,经常饲喂青绿多汁饲料就不会出现维生素缺乏。青绿多汁饲料还含有丰富的矿物质,钙、磷含量丰富,比例适宜,且富含铁、锰、锌、硒、铜等必需的微量元素。

青绿多汁饲料的营养价值因其生长阶段不同而有很大差异,一般以抽穗或开花前期的青绿多汁饲料营养价值较高,此时为适宜的收割期,到了老熟期,其营养价值明显下降。饲喂青绿多汁饲料时只需简单切短就可,由饲喂干草等粗饲料转换为青绿多汁饲料时应有一定的过渡时间,禁止饲喂堆放过久已经发黄变质的青绿多汁饲料,防止发生亚硝酸盐中毒。青绿多汁饲料资源丰富,品种繁多,有条件的地区可因地制宜,充分开发和利用本地资源,供给羊青绿多汁饲料,满足羊的营养需要,降低饲料成本。

(2) 青绿多汁饲料的种类 常见的青绿多汁饲料种类有野生青草;人工栽培的饲料作物如青饲玉米、高粱、大麦、燕麦等;人工栽培的牧草如苜蓿、黑麦草、白三叶、羊草、沙打旺、紫云英、鲁梅克斯、皇竹草等,鲜嫩的藤蔓树叶枝叶,如桑叶、槐树叶、花生藤、甘薯蔓等;还有甘蓝、大白菜、青菜、萝卜叶、萝卜、胡萝卜、南瓜、甜菜和马铃薯,以及红薯等加工的下脚料等。

3. 青贮饲料

青贮饲料是指新鲜的青绿饲料刈割后直接或适当处理后,经切碎、压实，密封于青贮设备内，在厌氧环境下，通过乳酸菌发酵而成的饲料。

（1）青贮饲料的营养特点 青贮饲料质地柔软，香酸适口、易消化。青贮饲料能有效保存青绿多汁饲料的营养成分，一般青饲料经晒干或蒸煮，养分损失在30%～50%，而做成青贮饲料仅损失10%～15%，特别是胡萝卜素损失量明显减少。与干草相比，饲料青贮比制作干草能保存更多的植物养分，能提高羊对营养物质的消化率，一些有异味而羊不愿采食的青饲料或含有毒物质的饲料，经青贮后可去掉异味而增加适口性，有毒物质可被微生物分解而避免中毒。青贮饲料为牛羊的优良青绿多汁饲料。加工好的青贮饲料易于长时间保存，容易加工，生产成本较低。在目前养羊生产中，由于缺乏青绿多汁饲料和优质的粗饲料等饲料资源，青贮饲料成了羊一年四季的主要饲料。一般成年羊每天饲喂量在2～4千克。因此，根据羊场的养殖规模和饲料供给情况，要准备充足的优质青贮饲料，确保羊的饲料供给，防止饲草短缺。

（2）青贮饲料种类 生产中最常见的为玉米青贮。根据青贮方法不同，青贮一般可分为以下3种。

1）常规青贮。这种青贮是在缺氧的环境下进行，实质是植物收割后尽快在缺氧的条件下储存。对原料的要求是含水率在60%～70%，含糖率在2%左右。

2）半干青贮。半干青贮又叫低水分青贮，是将青贮原料收割后放置1～2天，使水分降到50%左右时，再厌氧储存。由于半干青贮是在微生物处于干燥状态和生长繁殖受到限制的条件下进行的，所以原料中的糖分或乳酸的多少和pH的高低对制作影响不大，从而扩大了青贮原料的适用范围，使一般不易青贮的饲料原料（如豆科植物等）也可顺利青贮。

3）添加剂青贮。这种青贮的方式主要从3个方面影响青贮的发酵作用。第一，促进乳酸发酵，如添加各种可溶性碳水化合物、接种乳酸菌、加酶制剂等，可迅速产生大量乳酸；第二，抑制不良发酵，如添加各种酸类、抑制剂，以防止腐生菌等不利于青贮的微生物生长；第三，提高青贮饲料的营养物质含量，如添加尿酸、氨化物，以增加蛋白质含量等。

常用的添加剂种类和使用方法如下：

① 添加秸秆发酵菌剂。主要菌种是乳酸菌，按说明要求加入，可干撒或拌水喷洒。一般添加量是每吨青贮饲料加发酵菌剂 0.5 升或 450 克。

② 添加糖等碳水化合物。当青贮原料含糖量不足时，可添加糖渣 2%~5%、葡萄糖 1%~2%、谷物 5%、甜菜渣 5%~10% 等。

③ 添加酸。添加适量的酸可抑制腐败菌和霉菌的生长，一般可添加甲酸、苯甲酸、丙酸、甲醛等，添加量一般是 0.3%~0.5%。

④ 添加酶制剂。酶制剂可使青贮饲料中的多糖分解成单糖，有利于乳酸菌的发酵。豆科牧草青贮，可按照原料的 0.25%~0.5% 添加。

⑤ 添加尿素。尿素含氮率在 40% 左右，一般添加量为青贮原料的 0.3%~0.5%。水分大的饲料，可直接撒入尿素，水分小的饲料，先将尿素溶于水中，然后将尿素水溶液喷洒入饲料。

⑥ 添加甲酸、丙酸和尿素。甲酸、丙酸、尿素以 1:1:1.6 的比例混合，添加量为每吨原料 7.7~15.4 升，用于禾本科牧草效果较好。

⑦ 添加苯甲酸和醋酸。每吨饲料原料加苯甲酸 1 千克、醋酸 3 千克青贮，饲喂奶山羊对提高其产奶性能有较好的作用。

⑧ 添加食盐。食盐用量为青贮原料的 0.5%~1.0%，常与尿素混合使用，使用方法与尿素相同。

4. 糟渣类饲料

糟渣类饲料主要是利用粮食、果品、蔬菜等原料进行酿造、制糖、加工淀粉等之后的下脚料，是饲喂羊的好饲料，又称为糟渣饲料。

(1) 糟渣类饲料的营养特点 糟渣类饲料的主要特点是水分含量高，干物质含量少，干物质中蛋白质含量为 25%~33%，维生素含量高，B 族维生素丰富，还含有利于羊生长的未知因子。糟渣类饲料中，酒糟应用很普遍。甜菜渣、果汁渣、甜叶菊渣等适口性好，可促进羊采食。这些糟渣类饲料来源广，价格便宜，饲用方便，比较安全，蛋白质含量比较高，特别是酒糟的过瘤胃蛋白质含量比较高，对肉羊具有明显的促生长效果。

糟渣类饲料具有一定的营养价值，但营养不全面，利用糟渣类饲料喂羊时应注意：新鲜的糟渣类饲料一般水分含量高，容易发霉变质，饲喂新鲜的糟渣类饲料时要防止发霉变质，一旦变质应停止使用。因此，使用新鲜的糟渣类饲料要注意妥善储存，储存时可采用在水泥池等压实、用塑料薄膜密封保存的方法，以保证其质量。有条件的羊场可选择脱水处理的干糟渣类。购买时要注意观察其有无霉变发生。糟渣类饲料最好不要单独使用，应与其他饲料搭配使用，适宜与干草混合饲喂，这样有利于瘤胃保持良好的状态，提高饲料转化率，同时减少可能单独饲喂造成的酸中毒与其他中毒，如酒糟容易造成酒精中毒、酱油渣容易造成食盐中毒、豆腐渣容易造成腹泻、胃肠胀气等。

糟渣类饲料应限量使用，不可一次大量使用，饲喂糟渣类饲料时应有 7~10 天过渡期。酒糟等含有丰富的粗蛋白质，其中大部分为过瘤胃蛋白，这也是糟渣类饲料饲喂效果好的原因之一。但因其营养不够全面和平衡，饲喂时要注意营养平衡，需要补充一定的精料和干草。另外，糟渣类饲料中维生素 A、维生素 D 缺乏，钙、磷含量低且比例不合适，所以饲喂时应注意补充和调整。

(2) 糟渣类饲料的种类 常用的糟渣类饲料主要有啤酒糟、白酒糟、甜菜渣、淀粉渣、豆腐渣、花生衣、甜叶菊渣、苹果渣、酱油渣等。

1）酒糟。生产中用酒糟喂羊很普遍。酒糟有白酒糟、啤酒糟之分。啤酒糟营养价值高，新鲜的啤酒糟不需要进行处理就可直接喂羊，羊增重效果很好。但啤酒糟的供应有一定的季节性，购买时特别要注意其新鲜程度，新鲜啤酒糟抓在手里应不发黏，手感松散清凉，闻之气味清香，有特有的酒香味。白酒糟营养价值低于啤酒糟，但价格稍低，高粱酒糟营养价值高于地瓜酒糟，白酒糟育肥肉羊效果也不错，购买时要注意其质量，抓一把酒糟在手里捏成团，质量好的酒糟团松开速度比较慢，感到有一定的黏度，肉眼可见一些粮食颗粒。饲喂白酒糟后要注意观察，看羊的皮肤、膝关节等部位有无出现发红、肿胀等现象，或是否表现过度兴奋等行为，如果这种现象在 2~3 天后仍很明显，说明这些羊不适合吃这种酒糟，应停喂。

2）甜菜渣、果汁渣。甜菜渣是甜菜榨糖后的剩余物，果汁渣是水果榨取果汁后的剩余物，甜菜渣和果汁渣适口性好，羊喜食，能量含量高，饲喂效果好。

3）淀粉渣。淀粉渣是玉米、马铃薯、红薯等提取淀粉后的剩余物，蛋白质含量比较高，但蛋白质含量因加工原料不同而差别比较大。

4）豆腐渣。豆腐渣是生产豆腐的半熟副产品，其豆腥味比较浓，含有比较多的粗纤维，还含有一些如抗胰蛋白酶、血凝素等对羊有害的物质，所以饲喂时不可大量使用豆腐渣。

5. 精料

羊的精料重在补充其他营养的不足。根据羊的营养需要和羊采食的干草、青贮饲料、糟渣类饲料等情况，将能量饲料、蛋白质饲料、饲料添加剂等按一定的配方比例配成的饲料称为精料补充料，又称为精料混合料，简称为精料。

(1) 精料的营养特点 精料营养价值高，适口性好，对促进羊生长、产奶、增重和繁殖等生产性能有重要作用。羊喜欢采食精料，但羊是草食反刍动物且精料价格较高，应注意保持适当的精粗饲料比例。精料在羊日粮中的比例不宜过高，如果精料饲喂过多，不仅增加饲养成本，还会降低羊奶的乳脂率，引起羊消化不良、腹泻和严重的瘤胃酸中毒等营养代谢病。

(2) 精料的种类 精料的组成主要包括能量饲料、蛋白质饲料、饲料添加剂等。羊的精料不是羊的全价饲料，它是供给羊部分能量、部分蛋白质、部分矿物质、维生素和微量元素的重要来源。

在养羊生产中，要注意弄清楚市场销售的各种羊饲料的组成与名称，以便合理使用。

1）能量饲料。是指饲料自然含水率小于 45%，饲料干物质中粗纤维含量小于 18%，饲料干物质中粗蛋白质含量小于 20% 的饲料种类。能量饲料主要包括谷实类及其加工副产品（糠麸类）。

① 谷实类。主要有玉米、高粱、大麦、小麦、燕麦、稻谷等。其

主要特点为：淀粉含量高，粗纤维含量在10%以下，粗蛋白质含量在10%左右，蛋白质和氨基酸不足，缺乏钙和维生素A、维生素D。

玉米（彩图11）含能量最高，是一种理想的过瘤胃淀粉来源。玉米适口性好，易消化，故有"饲料之王"之称；蛋白质含量低，约9%，并且缺乏赖氨酸，钙、磷含量都较少，而且比例不合适，是一种养分不平衡的高能饲料。高粱能量含量仅次于玉米，蛋白质含量略高于玉米；因含有鞣酸，适口性差。高粱与玉米配合使用，效果增强。小麦的过瘤胃淀粉比玉米、高粱低，并以粗碎和压片饲喂效果最好，不能整粒饲喂或粉碎过细。

② 糠麸类。主要有麸皮、玉米柠檬酸渣、米糠、玉米皮、豆皮等；其营养价值受原料种类、加工精度和加工方法的影响。一般糠麸类饲料的能量含量比原粮低，而蛋白质的含量和质量都超过原粮；粗纤维含量比较高，在10%左右；钙少磷多，含有丰富的B族维生素；缺乏维生素D和胡萝卜素。

麸皮（彩图12）的营养价值因麦类种类和出粉率的高低而不同。一般粗蛋白质为14%，赖氨酸含量较高，为0.5%~0.6%；B族维生素和维生素E含量丰富；质地松软，钙低磷高，钙磷比约为1:8，日粮中麸皮含量高时应注意补充钙。因麸皮磷、镁含量高而具有轻泻作用，是母羊产前、产后的好饲料。育肥羊不宜多饲喂麸皮，应和其他谷物配合使用。麸皮粗纤维含量高，难消化；有效能值低；赖氨酸利用率较低。麸皮容易吸潮腐败、发霉，保存时应注意通风。

米糠为去壳稻粒（糙米）制成精米时分离出的副产品，由果皮、种皮、糊粉层及胚组成。米糠的有效能值变化比较大，随含壳量的增加而降低；蛋白质含量与麸皮相似，赖氨酸含量较高，达0.74%；B族维生素含量丰富；粗脂肪含量高，易在微生物和酶作用下发生酸败。

2）蛋白质饲料。蛋白质饲料是指饲料自然含水率小于45%，饲料干物质中粗纤维含量小于18%，饲料干物质中粗蛋白质含量大于或等于20%的饲料种类。

羊常用的蛋白质饲料主要有植物性蛋白质饲料、非蛋白氮饲料等。植物性蛋白质饲料主要包括豆科籽实、饼粕类饲料和加工淀粉的副产品（如玉米蛋白粉）等。其中的饼粕类饲料又包括大豆饼粕、棉籽饼粕、花生饼粕、菜籽饼粕、胡麻饼粕、芝麻饼粕、葵花籽饼粕等。非蛋白氮饲料一般是指通过化学合成的尿素、缩二脲、磷酸脲、糊化淀粉尿素、铵盐等。

饼粕类饲料是羊最主要的蛋白质来源，压榨法制油的副产品为饼，溶剂浸提法制油后的副产品为粕。饼粕类饲料蛋白质含量都比较高，品质一般比较好，还残留有一定量的油脂，因此脂肪含量相对较高，而淀粉含量较少，能量价值一般也较高。

大豆饼粕（豆饼、豆粕）（彩图13）的使用量在饼粕类中居首，大豆饼粕中蛋白质含量较高，一般在40%～48%。赖氨酸含量达2.5%左右，蛋氨酸含量为0.5%～0.7%，胱氨酸含量为0.5%～0.8%。含胡萝卜素少。胆碱含量丰富，可达2000～2500毫克/千克。由于大豆饼粕的适口性较好，适宜饲喂所有畜禽。但使用时应注意补加蛋氨酸。应注意，大豆饼粕中存在着一些抗营养因子，如抗胰蛋白酶因子、脲酶、血凝素、皂角苷、抗凝血因子等，其中最主要的是抗胰蛋白酶因子。若加工时加热不足，则会严重影响其饲用价值。

棉籽饼粕（棉籽饼、棉籽粕）（彩图14）因棉籽脱壳程度及制油方法不同，营养价值差异很大。完全脱壳的棉仁制成的棉仁饼粕的粗蛋白质含量可达40%～44%，而由不脱壳的棉籽直接榨油生产出的棉籽饼粕的粗纤维含量达16%～20%，粗蛋白质含量仅为20%～30%，带有一部分棉籽壳的棉仁饼粕蛋白质含量为34%～36%。棉籽饼粗蛋白质品质不太理想，蛋白质中赖氨酸含量为1.48%，色氨酸含量为0.47%，蛋氨酸含量为0.54%，胱氨酸含量为0.61%，胆碱含量约为2700毫克/千克，赖氨酸含量较低，蛋氨酸含量也不足；但适口性较好，B族维生素含量较丰富。棉籽饼粕中也含有对动物有毒的物质和抗营养因子，主要是棉酚。在使用时，棉籽饼粕的量不宜超过精料的一半，并且最好与谷类搭配使用，按4倍于游离棉酚的量添加硫酸亚铁，具有去毒效果。

花生饼粕的饲用价值随其含壳量的多少而有差异，脱壳后制油的花生饼粕营养价值较高，仅次于豆饼、豆粕，其能量、蛋白质含量都较高，粗蛋白质含量可达44%～48%。带壳的花生饼粕粗纤维含量为20%～25%，粗蛋白质和有效能值都较低。花生饼粕容易发霉，应注意防止黄曲霉毒素中毒。

菜籽饼粕的粗蛋白质含量在34%~38%，特点是赖氨酸、蛋氨酸含量高。因其含有芥酸、硫苷等抗营养因子，最好选择"双低"（低芥酸、低硫苷）油菜籽生产的双低菜籽粕，喂量一般占精料的10%~15%。同时，应结合菜籽饼粕的氨基酸组成特点，适当搭配其他饼粕使用。

3）饲料添加剂。添加剂是指各种用于强化饲养效果、有利于配合饲料生产和储存的非营养性添加剂原料及其配制产品。

饲料添加剂一般可分为两大类，即营养性添加剂和非营养性添加剂。营养性添加剂主要有矿物质与微量元素、维生素、氨基酸等。

在生产中，饲料添加剂一般按需要加工成预混料形式，以便于添加使用。

这类饲料使用后可以提高饲料转化率，但使用时必须严格按照每种添加剂的使用要求和方法进行添加，否则不但会造成浪费，而且有可能造成中毒。

6. 维生素饲料

维生素饲料是指人工合成或由原料提取的各种单一维生素和多种维生素混合物，不包括富含维生素的天然饲料。

成年羊瘤胃能合成足够的 B 族维生素和维生素 K，一般不需由饲料供给。应激状态下可添加维生素 B_2、烟酸、维生素 C 等。

对于成年羊，一般需要添加的维生素主要有维生素 A、维生素 D、维生素 E。维生素饲料易受空气、光照等影响而降低效价，在受热和碱性条件下会加快分解，因此要妥善保存。

7. 矿物质饲料

矿物质饲料是指天然或人工合成的单一化合物或混有载体的多种矿物质化合物，以及主要含矿物质的动物源性饲料。矿物质饲料分为常量矿物质饲料和微量矿物质饲料。

常量矿物质饲料主要包括钙源矿物质饲料、磷钙钠源矿物质饲料、钠氯源矿物质饲料、镁源矿物质饲料。常用的常量元素饲料有石粉、碳酸钙、石膏、贝壳粉、磷酸钠、食盐、氧化镁、硫酸镁、碳酸镁等。微量矿物质饲料主要包括微量元素的无机化合物、有机酸盐及蛋白质氨基酸螯合物等，目前被广泛使用的是无机化合物，主要是微量元素的硫酸盐、碳酸盐、氯化物和氧化物等。

常用的微量元素饲料有硫酸铁、硫酸锰、硫酸铜、硫酸锌、氯化钴、碘化钾、亚硒酸钠、有机铬、有机铜、有机锰、蛋氨酸锌和蛋白锌等。

养羊生产中常用的矿物质饲料可做成盐砖，让羊自由舔食。

8. 非蛋白氮饲料

反刍家畜可利用非蛋白氮中的氮元素合成优质菌（虫）体蛋白，在蛋白质饲料饲喂不足的情况下，按规定要求添加尿素等非蛋白氮，可节省部分蛋白质饲料，降低成本。

尿素是应用最广、最早的一种非蛋白氮饲料。只能混在复合碳水化合物及精粗饲料中喂给羊，每10千克体重喂尿素2~4克。

为减缓尿素在羊体内的分解速度，国内外已研制出一些安全型的非蛋白氮饲料产品（如缩二脲、磷酸脲等），应用较多的是磷酸脲，还有的将尿素、矿物质、谷物等混合挤压成块，供羊舔食，叫作"尿素砖"。

【提示】

添加尿素等时应注意以下问题。

（1）**注意添加时机** 应在羊瘤胃功能成熟后添加，过早添加易引起尿素中毒。

（2）**应正确饲喂** 一次喂量不可过大，一天的用量分2~3次喂给；不可直接溶于水中饮用；喂后不能立即饮水，应在喂后2小时再饮水；喂尿素时不可同时喂生豆类饲料；喂尿素应有一个过渡期（2~3周），喂量由少至多，逐渐增加。

（3）**饲喂后应注意观察** 饲喂后注意观察，发现中毒的羊只，应立即停喂尿素，并及时抢救。

（4）**日粮配合应合理** 日粮中能量水平高，蛋白质水平低（低于12%）时添加尿素效果好，而当日粮中蛋白质水平超过14%时，添加效果不明显。

9. 缓冲剂

在肉羊强度育肥期、奶山羊泌乳高峰期，往往供给大量精料，瘤胃中易形成过多的酸，影响体内酸碱平衡，影响羊的食欲，瘤胃微生物的活力也会被抑制，降低饲料转化率，严重的会导致瘤胃酸中毒。

常用的缓冲剂是碳酸氢钠（小苏打）和氧化镁。可单独添加，小苏打的用量为精料的 1%~2%，氧化镁的用量为精料的 0.3%~0.6%，也可同时添加。

10. 瘤胃素

瘤胃素的有效成分为莫能菌素钠，是目前国内外广泛使用的饲料添加剂之一。它的作用机理是：通过减少瘤胃甲烷气体能量损失和饲料蛋白质降解及脱氨损失，控制和提高瘤胃发酵效率，发挥最高的饲料转化率。

11. 其他饲料添加剂

其他的饲料添加剂主要包括以下种类：驱虫保健助长添加剂；瘤胃发酵调控添加剂，主要是由瘤胃代谢控制剂、缓冲剂、有机酸、酵母粉等组成；粗饲料调制添加剂，主要是碱化剂；饲料储存保藏添加剂，主要是由抗氧化剂、防霉防腐剂等组成；抗应激添加剂，主要是由矿物质、微生物制剂、脂肪、维生素和镇静剂等组成；调味增香和着色剂，主要是人工合成制剂。

近年来，脲酶抑制剂、中草药添加剂、酶制剂、微生物制剂、腐殖酸钠等被广泛用作羊饲料添加剂。

三、科学选用饲料的加工调制方法

1. 优质干草的制作

（1）**干草的干燥方法**　干草的干燥方法大致可分为自然干燥法和人工干燥法 2 种。

1）自然干燥法。自然干燥受天气条件的制约较大，但是这种方法不需要特殊的设备，是目前我国采用的主要的干草干燥方法。

① 地面干燥法（图 3-1）。也叫田间干燥法。牧草刈割后

图 3-1　地面干燥法

在原地或另一地势较高处晾晒，4～6小时后可使其水分降至40%～50%，然后根据天气条件和牧草含水量搂成草条或集成草堆。

但必须注意，为了保持牧草叶片较少脱落，搂草和集草作业均应在牧草水分不低于35%时进行。

② 草架干燥法。多雨地区的牧草晒制多采用此法。草架主要有独木架、三脚架、铁丝长架和棚架等。将刈割后的牧草自上而下地置于草架上，厚度不超过70厘米，保持蓬松。草架干燥法虽需要花费一定的物力，但制得的干草品质好，养分损失量比地面干燥法减少了5%～10%。

③ 发酵干燥法。在多雨潮湿地区，由于光照时间短，强度小，不能用普通方法制成干草，可采用发酵干燥法。将刈割的牧草平铺，经短时间风干，当水分降至50%时再分层堆成3～5米高的草垛。堆垛时要逐层压实，在草垛的表层用土或薄膜覆盖，经2～3天草垛内温度上升至60～70℃时打开草垛。随着发酵热量的散失，经风干或晒干，制成褐色干草。褐色干草制作时，无氮浸出物的损失在40%左右。

2）人工干燥法。草地畜牧业发达的国家常用人工干燥法制作干草。人工干燥法制作的干草，其营养物质的损失比自然干燥法小。

① 常温鼓风干燥法。在牧草堆储场所和干草棚中，通常设有栅栏通风道，用鼓风机强制吹入空气，达到干燥的目的。

② 高温快速干燥法。高温快速干燥法是用烘干机将牧草水分迅速蒸发。有的烘干机入口温度为75～260℃，出口温度为25～160℃；有的入口温度为420～1160℃，出口温度为60～260℃。新鲜牧草经烘干机烘数分钟甚至几秒钟，就可将水分降至5%～10%，且对牧草的营养价值和转化率几乎没有影响。

(2) 干草的储存 储存干草是世界上大多数国家在草地畜牧业中解决草食家畜饲草平衡的有效途径。在我国，不论是牧区、半农半牧区还是农区，通过牧草储存来满足羊只全年对营养物质的需要，对发展养羊业是至关重要的。

1）散干草的储存。当调制的干草水分在15%～18%时即可进行堆储。

堆储的草垛通常有长方形和圆形2种。一般长方形垛的宽度为4.5～5米，高度为6～6.5米，长度不少于8米；圆形草垛直径一般为 4~5 米，高度为 6~6.5 米。堆垛时应选择高燥地，垛的下部用树干、秸秆等做底，厚度不少于 25 厘米。垛的周围挖排水沟。堆垛过程中要压紧各层干草，特别是要压紧草垛的中部和顶部。草垛堆到全高的 2/3 时，开始逐渐加宽，直至每边宽于垛底 0.5 米，这样做主要是为了有利于排水和减少雨水对草垛的渗漏。在潮湿的地区，垛的顶部应较尖，同时在垛顶部用劣草铺盖或用防雨设施压紧，最后用树干或绳索固定。

散干草的堆垛方法虽然经济节约，但营养物质损失可达 20%~30%，胡萝卜素损失最多，可达 50% 以上。如长方形草垛储存 1 年后，垛变质损失的干草：在草垛侧面厚度为 10 厘米，垛顶厚度为 25 厘米。所以，适当增加垛的高度和减少散干草的储存时间可以有效地减少牧草的营养损失。

2）干草捆的储存。干草捆一般垛成草垛，其顶部加防护层或储存于草棚中。草垛一般宽 5.5 米，长 20 米，高 18~20 层。底层草捆应将宽面相互挤紧，窄面向上，整齐铺平，不留通风道和任何空隙。其余各草捆应接缝错开，可在每层中设置 25~30 厘米宽的通风道，在双数层留有纵向通风道，在单数层开设横向通风道。

干草捆可露天堆垛储存，还可以储存在设有支柱和顶棚的干草棚内。

3）草块、草粒的储存。草块、草粒安全储存的水分含量一般在 15% 以下。在高温高湿地区，草粒、草块储存时应加入甲醛、丙酸钙等防腐剂，最好用塑料袋或其他容器密封包装，以防在储存和运输过程中吸潮霉变。

2. 青贮饲料的制作

（1）**青贮的原理** 青贮是将新鲜的青绿多汁饲料紧实地堆积在厌氧环境中，让乳酸菌大量生长繁殖，通过乳酸菌的作用，使饲料中的淀粉、糖类转变为乳酸。当乳酸在青贮原料中积累到一定浓度时，便可抑制霉菌、腐败菌的生长，当 pH 下降到 3.5~4.2 时，所有微生物都处于被抑制状态，从而使青贮饲料能够长期保存。

（2）**青贮成功的条件** 青贮成败的关键是能否为乳酸菌繁殖创造一定的条件，乳酸菌的大量繁殖应具备以下条件。

1）青贮原料要有一定的含糖量。青贮原料中的乳酸主要由糖分转化而来,所以,通常要求青贮原料含糖量不少于1%~1.5%。

根据原料糖分的多少,可粗略地将其分为3类。

易贮的原料:如玉米、高粱等禾本科饲草和秸秆、饲用甜菜。

难贮的原料:如苜蓿等豆科牧草、马铃薯茎叶等,它们的含糖量小于1%。

不可单独青贮的原料:如瓜类的蔓秧等。

在生产中,往往将易贮与不可单独贮的原料搭配混合,或在青贮原料中加3%~5%玉米面或麸皮以增加含糖量。

2）原料应有适宜的含水量。青贮原料中含有适宜的水分是保证乳酸菌正常繁殖和发酵的重要条件。水分过少,原料不易压紧,窖内存留空气多,易造成好气菌的大量繁殖,饲料容易发霉腐烂,并易形成高温,从而使原料养分大量损失。水分过多,糖分浓度低,汁液外渗造成养分流失,并易使原料结块,不利于乳酸菌的繁殖,致使青贮饲料腐烂,质量低劣。

青贮原料的适宜含水率为65%~70%。测定原料水分含量的简易方法是:用力捏一把青贮饲料,以指间湿润不滴水为宜。若原料水分含量过高,可适当晾晒。

3）厌氧的环境。将原料压紧、密封、排除空气,以造成高度的厌氧环境。

(3) 青贮的容量 青贮的容量取决于青贮设施的形状和青贮原料。青贮原料不同,其压实的密度不同,质量也不同(见表3-1)。原则上,当青贮原料少时建造圆形窖,原料多时建成长方形窖。

表3-1 几种常见青贮饲料的质量 （单位:千克/米^3）

青贮原料种类	青贮饲料质量
玉米秸秆	450~500
全株玉米	500~550
禾本科牧草	550~600
甜草叶、萝卜	600~650
甘薯秧、藤	600~700
叶菜类	800

例如：某养殖户饲养奶山羊 25~30 只，全年均衡饲喂青贮饲料，辅以部分精料和干草，需建造多大的长方形或圆形青贮窖，储存量为多少？

如按每只羊每天饲喂青贮饲料 2.5 千克计算，1 只羊 1 年需青贮饲料 912.5 千克。

全群全年需青贮饲料 = (25~30 只) ×2.5 千克×365 天
　　　　　　　　　 = 22812.5~27375 千克 ≈ 22.8~27.4 吨

建议建成 2 个直径为 3 米、深为 3 米的圆形窖，则青贮窖容积 = $(1.5 米)^2 ×3.1416×3 米 = 21.2058 米^3$。

按青贮饲料单位体积的质量为 500~700 千克/米^3 计算，每个窖储存的饲料量 = 21.2058 米^3 × (500~700 千克/米^3) ≈ 10.60~14.84 吨。

此外，如建长方形窖，长方形窖的储存量（千克）= 长度×宽度×高度×青贮饲料单位体积质量。

(4) 青贮的步骤

1）适时收割。一般以玉米在蜡熟期、禾本科饲料作物在抽穗期、豆科牧草在始花期收割为宜。玉米蜡熟期的具体判断指标：实验室检测玉米全株干物质含量达到 28% 以上；玉米的实胚线（乳线）达到 1/2；部分玉米籽实出现凹坑。

使用收果穗后的玉米秸制作青贮饲料时，一般在玉米籽实蜡熟至 70% 完熟、叶片尚未枯黄或玉米茎基部 1~2 片叶开始枯黄时立即采摘玉米棒。采摘玉米棒的当日，最迟次日采收玉米茎秆制作青贮饲料。

收割时要注意合理的留茬高度为距地面 15~20 厘米。留茬过低，会夹带泥土，泥土中含有大量的梭状芽孢杆菌，易造成青贮腐败；粗纤维含量过高，羊不易消化；减少青贮中的硝酸盐含量。留茬过高会造成青贮产量低，影响农民的经济效益，也影响秋天整地。

2）清理青贮设备。对已用过的青贮设备，在重新使用前，必须将其中的杂物等清理干净，有破损处要加以修补。

3）切碎原料（彩图 15）。为了便于储藏，原料必须经过切碎。羊用的玉米秸秆原料一般切成 2 厘米左右，以利于压实和便于羊只以后的采食。青贮切割过长，不易压实，影响羊消化。青贮切割过短，营养物易流失，对羊健康不利。玉米秸秆青贮前均必须切碎到长1~2厘米，青贮时才能压实。牧草和藤蔓柔软，易压实，切短至3~5厘米青贮，效果较好。

4) 控制原料水分含量。大多数青绿饲料原料在青贮时均需进行水分调节。当水分过多时，适量加入干草粉或秸秆粉等含水量少的原料；当原料水分含量低时，将新鲜的青绿饲料交替装填入窖，混合储存。青贮原料的水分含量以65%~70%时青贮效果最佳，最简单的测定方法是用手抓一把碎的原料，手用力挤压后慢慢松开，此时注意手中原料团块的状态，若团块展开缓慢，手中见水而不滴水，说明原料中含水量符合青贮要求。

5) 装填压实原料（彩图16）。运输青贮的车辆最好是自卸车，工作效率高，便于卸车。从装车结束到到达牧场的时间不超过3小时，青贮到场温度超过40℃应予以拒收。装填青贮原料时，速度要快并要及时封顶。原料每次装填达到15~20厘米厚时，必须压实一次，并且要特别注意踏实窖边和四角，将原料装填压实。压实环节是至关重要的。

压实的速度要快，尽量减少青贮与空气的接触时间。一个容纳1万吨的青贮窖，理想的压窖时间为1周。压实时最好使用双排轮的大马力拖拉机及50型铲车。要定时检测青贮的压实情况。

6) 密封和覆盖。当青贮高出窖墙平口50厘米时即可封窖，要使用崭新的透明塑料布与黑白膜分别对玉米青贮窖进行覆盖，可以在窖头处及窖两侧先铺好塑料布，在彻底封窖时将事先铺好的塑料布对折，然后再覆盖塑料布与黑白膜，将整个青贮窖完全包裹起来，这样可防止雨水进入引发青贮饲料变质腐败。膜与膜掩盖重叠部分不少于1.5米，注意上坡和下坡压盖重叠部分不少于2.5米，以防止因青贮饲料下沉漏出内部青贮饲料，若掩盖面积过大，也会造成青贮膜的浪费。使用黑白膜一定要黑面朝内，白面朝外。遇到下雨暂停制作时，先压实青贮原料，然后喷洒有机酸，再盖上一层透明塑料布以暂时封盖。然后在塑料布上面再压覆轮胎、土等。轮胎要一个挨着一个放置，以最大限度地排出空气。窖两侧可使用沙袋进行覆盖。

封窖之前一定要将最外缘的青贮原料清理干净,形成一个平的截面,便于轮胎压实。可以在青贮原料斜坡与顶端喷洒有机酸,以防止青贮原料腐烂造成损失。封顶后要随时查看其有无裂缝,以防因空气、雨水等进入而损坏青贮饲料。发现裂缝时要及时修整。

7)管理。封窖后,应在窖四周距其约1米处挖一条浅排水沟,防止雨水积聚渗入窖内。封窖后连续1周应每天检查窖的下沉情况,如封土下陷出现裂缝,要及时修补覆盖。

(5)青贮饲料的利用与品质鉴定

1)青贮饲料的利用。青贮饲料在封窖30~45天后即可开封饲喂,一般以气温较低且缺乏青饲料的季节开窖为宜。开窖前要先清除封窖的盖土及铺草。对于圆顶窖,要盖好塑料布或席,便于逐层取用,防止二次发酵和霉变。对边角处等有霉变的饲料必须剔除,防止混入饲喂的草料中。对于长方形窖,应从一端开始逐段取料,逐段清除盖土。袋装料用完一袋后再开启下一袋。青贮饲料的喂量,羊一般每天2~4千克,由干草转为使用青贮饲料时要逐渐过渡。

2)青贮饲料的品质鉴定。青贮饲料的品质鉴定分感官鉴定和实验室鉴定2种。

生产中主要采用感官鉴定法,即通过闻气味、看颜色、看水分、看组织状态、看籽实等鉴定其质量(表3-2)。青贮饲料的品质分为优良(彩图17)、中等、低劣(彩图18)3个级别。严禁使用低劣的青贮饲料。

表3-2 青贮饲料品质鉴定标准

质量等级	pH	颜 色	气 味	结 构 质 地
优良	4~4.2	青绿色或黄绿色	芳香酒酸味	茎叶结构良好,松散,质地柔软,略带湿润
中等	4.6~4.8	黄褐色或暗褐色	有刺鼻酸味,香味淡	柔软,但稍干或水分稍多
低劣	5.6~6.0	黑色、褐色	有刺鼻腐臭味或霉味	茎叶腐烂,黏成团,或松散干燥,粗硬

【提示】

制作优良的青贮饲料时，注意做好原料的装填、压实及最后的密封工作。实际生产中是边装填边压实，特别要注意边角的压实工作，还要注意做好最后的密封工作，一定要为乳酸菌创造适宜的厌氧环境，这样才能保证乳酸菌的正常繁殖，才能更好、更快地将其他的微生物杀死，将青贮原料的营养物质最大限度地保存下来。

四、科学搭配山羊的日粮

1. 日粮的配合原则

在养羊生产中，为获得最佳生产效果和最高利润，必须合理搭配羊的日粮，配合日粮时必须遵循下列原则。

（1）拟定日粮时要以饲养标准为基础，并根据实际情况灵活运用 日粮中的营养物质必须满足羊对各种营养物质的需要量。一般日粮中各种营养物质的含量应稍高于饲养标准中的需要量3%~5%。

（2）保持适当的精粗料比例 精粗料比例不仅关系到养羊的方式、羊的生长情况及饲料成本，而且对维持羊的消化健康情况十分重要。一般以日粮干物质为基础进行计算，日粮中精料比例可在40%~60%，强度育肥时精料可达到60%~70%。

（3）饲料种类尽可能多样化，并且注意饲料适口性 与单一化日粮比较，保持羊日粮中饲料种类多样化，可促进羊的食欲，提高采食量。使羊获得更多的营养物质，同时可使不同饲料中的营养物质互相补充，使羊获得更全面的营养物质。

（4）注意日粮的体积 拟定日粮时应注意羊的体重、体格、饲料体积等因素，保证拟定日粮的干物质量与羊的实际采食量之间比较平衡，使羊既能吃得下，又能吃得饱。如果日粮的体积或拟定日粮中的干物质量过大，羊会吃不完饲料，营养物质需要量得不到满足；日粮体积过小，营养物质浓度过高，虽然能满足羊的营养需要，但羊吃不饱，缺乏饱腹感，这样不能满足羊的生理需求，也不利于羊的健康。

（5）注意饲料原料的来源与价格 在养羊生产中，饲料成本是饲养成本的主要组成部分，应选择资源充足、价格低廉的饲料原料，特别是工、农业生产加工后的副产品（如糟渣类饲料），以降低饲养成本。选择原料时还应注意选择那些来源广泛、容易获得、数量大的饲料种类，以确保饲料种类的相对稳定，防止因日粮组成经常变化而影响羊的消化功能。日粮中的饲料原料应以当地资源为主，最大限度地利用当地饲料资源，尤其是粗饲料。因为粗饲料体积大，质量轻，运输不便，所以如果从外地采购则运输费较高，而运输费是增加饲料成本的主要因素。

（6）注意饲料原料的品质 饲料原料的品质的主要指标有颜色、籽实饱满度、杂质含量、可加工利用部分的比例、营养物质含量、含水量、有无有毒有害物质、是否发霉变质等。饲料原料的品质不同，即使是同样的饲料配方，日粮的营养物质含量也会有很大差异。这将对羊的育肥增重效果和健康产生很多影响。饲料原料中的青贮饲料、青绿饲料、糟渣类饲料、块根块茎类饲料等的含水量大，而且变化范围也很大，在配合日粮时应特别注意，含水量不同的饲料原料换算为干物质的比例差异很大，营养物质含量的差异很大。也就是说在同样的日粮配方中，如果饲料原料的含水量不同，其营养物质含量将会有很大差异。

（7）注意配制的日粮的含水量 羊日粮的含水量是指经过计算能满足育肥羊生长需要、按照一定比例配合的各种饲料混合物的总含水量，不是指某种饲料原料的含水量。日粮的含水量会影响羊的采食量，一般应控制在50%比较好，水分含量过高或过低都会降低羊的采食量。

（8）日粮最好现场配制，当天使用 配制的日粮含水量较高，容易发酵发热，产生异味，造成羊采食量下降，特别是在夏季等温暖季节，应注意日粮的新鲜度，现配现用。

（9）注意饲料原料中的核黄素含量 饲料中核黄素含量过高，在羊体内逐渐积聚到一定量时，会使羊体内的脂肪变黄，降低羊肉的销售价格，造成经济损失。因此在羊的优质日粮配方中，在育肥的最后100天左右，应减少核黄素含量高的饲料（如干草、青贮饲料、黄玉米等）的用量。

2. 日粮的配合方法

日粮的配合方法包括手工计算法和计算机法2种。

(1) 手工计算法 手工计算法（手算法）就是运用掌握的羊的营养学知识和饲养知识，结合日粮配制基本原则，运用试差法、方程法、方块法等进行计算，最终设计出羊的日粮配方。手工计算法是拟定饲料配方的常规方法，简单易学，可充分体现设计者的意图，设计过程清楚。但这种方法需要拟定者有一定的经验，计算过程比较麻烦，盲目性比较大，不容易筛选出最佳配方。

(2) 计算机法 计算机法即使用计算机优选配方技术拟定配方。计算机法快捷方便、精确可靠、效率高。使用计算机优选配方技术可以采用更多种类的饲料原料，可同时考虑多项营养指标，设计出营养成分合理、价格低廉的羊日粮配方。

3. 配方设计的基本步骤

手工计算法配制羊的日粮的基本步骤如下：

第一步，根据羊的实际情况（如体重、生理情况、日增重、环境条件等）查阅羊的饲养标准，确定羊每天的总营养物质需要量，包括干物质采食量、消化能及粗蛋白质或可消化粗蛋白质、钙、磷的需要量。

第二步，查出羊的常用饲料的营养成分含量，有条件的地方最好使用实际测量的饲料养分含量。

第三步，确定和计算出羊每天应采食的青粗饲料的数量和养分含量。一般以干物质计算，羊日粮中粗饲料的比例一般应在 40%～60%，每 3 千克的青贮饲料可折合 1 千克干草，每 4 千克的青绿多汁饲料可折合 1 千克干草。根据实际情况确定出羊每天的青粗饲料的采食量并计算出这些青粗饲料所提供的营养物质数量。

第四步，与饲养标准比较，计算出要满足羊的营养需要还差多少，不足部分由精料补充料提供，由此可确定出由精料补充料提供的营养物质数量。

第五步，精料补充料的配合。选择好精料原料与种类，草拟精料配方，用手算法或计算器等检查、调整精料配方，直到与饲养标准相符，这一步主要是为了满足羊对能量和蛋白质的需要量。

第六步，满足羊对钙、磷、盐、微量元素、维生素等的需要。钙、磷可用磷酸氢钙、碳酸钙、贝壳粉等补充，缺多少补多少；食盐可根据需要直接添加，需要多少添加多少；微量元素、维生素可根据实际情况直接添加，需要多少添加多少。或可直接购买专业饲料厂生产的5%羊用添加剂预混料，按照说明将羊用添加剂预混料添加到已经配好的精料补充料中，并充分混合均匀，可满足羊对钙、磷、盐、微量元素、维生素等的需要量。

第七步，综合与微调。将所有饲料提供的各种养分进行综合，与饲养标准需要量比较，并进行一些调整，调整到 ±3%、±5%、±10%的水平。

第八步，列出羊的日粮配方和所提供的营养物质水平，以及精料百分比配方。

4. 配方设计实例

（1）明确目标 日粮配制第一步是明确目标，不同的目标对配方要求有所差别。例如，对体重是20千克的育肥羊，以预计日增重达到0.3千克为目标，做一个饲料配方。

（2）确定营养需要量 国内外的羊的饲养标准可作为营养需要量的基本参考。从中国《肉羊饲养标准》（NY/T 816—2004）中查得体重为20千克的育肥羊在日增重为0.3千克时的营养需要量（表3-3）。

表3-3 体重20千克育肥羊每天的营养需要量

体重/千克	日增重/千克	干物质采食量/千克	消化能/兆焦	粗蛋白质/克	钙/克	总磷/克
20	0.3	1.0	13.6	183	3.8	3.1

（3）选择饲料原料并确定其营养成分含量 根据当地资源选择将要使用的饲料原料，查出其营养成分，并把风干或新鲜基础养分含量折算成绝干基础养分含量。假定粗料选用青干草、苜蓿干草，精料选用玉米、豆饼等，其营养成分含量见表3-4。

（4）草拟饲料配方

① 确定粗料比例及采食需要量。根据羊饲养阶段和育肥要求，确定精、粗料比例及采食需要。由育肥羊的每天的营养需要量可知，体重为20千克、日增重0.3千克的育肥羊干物质日采食量为1千克，粗料的干物质量在这个阶段占干物质采食量的35%~45%，按40%

计算,配合后的粗料日采食量为0.46千克,其中,青干草为0.16千克,苜蓿干草为0.3千克。

表3-4 饲料营养成分含量

饲料原料	干物质(%)	干物质中			
		消化能/(兆焦/千克)	粗蛋白质(%)	钙(%)	磷(%)
青干草	90.20	7.98	15.41	0.60	0.28
苜蓿干草	87.00	11.01	19.77	1.75	0.25
玉米	86.00	16.44	9.07	0.02	0.31
豆饼	89.00	15.84	46.97	0.35	0.56

② 计算粗料营养水平及需要的精料营养水平。根据饲料原料营养成分含量进行计算,精料补充料需要提供的某养分总量 = 饲料标准养分需要量 - 粗料所提供的养分总量(表3-5)。

表3-5 粗料营养成分含量

饲料原料	用量/(千克/天)	干物质量/(千克/天)	消化能/(兆焦/天)	粗蛋白质/(克/天)	钙/(克/天)	磷/(克/天)
青干草	0.16	0.14	1.12	21.57	0.84	0.39
苜蓿干草	0.30	0.26	2.86	51.40	4.55	0.65
合计	0.46	0.40	3.98	72.97	5.39	1.04
营养需要		1.0	13.6	183	3.8	3.1
精料需要量		0.60	9.62	110.03	-1.59	2.06

(5)草拟精料混合配方 按照精料原料及精料采食量试配精料中各饲料原料的用量,并计算其营养成分含量,与精料需要量对比,直至接近(表3-6)。

表3-6 草拟精料配方及营养成分含量

饲料原料	用量/(千克/天)	干物质量/(千克/天)	消化能/(兆焦/天)	粗蛋白质/(克/天)	钙/(克/天)	磷/(克/天)
玉米	0.50	0.43	7.07	39.00	0.09	1.33
豆饼	0.18	0.16	2.53	75.15	0.56	0.90
合计	0.68	0.59	9.60	114.15	0.65	2.23
精料需要量		0.60	9.62	110.03	-1.59	2.06
相差		-0.01	-0.02	4.12	2.24	0.17

(6) 调整配方

1) 计算。配方拟好之后进行计算,将计算结果和饲养标准比较,如果差距较大,应进行反复调整,直到计算结果和饲养标准接近。

2) 补充矿物质饲料。首先考虑补磷。根据营养需要补充磷以后再用单纯补钙的饲料补钙。食盐的添加量一般按饲养标准计算,不考虑饲料中食盐的含量。

3) 微量元素、维生素和其他添加剂。对微量元素、维生素和其他添加剂,一般使用预混料并按照商品说明进行补充,也可自行额外配制。

(7) 列出日粮配方和精料补充料配方 将配好的配方转换为风干基础及百分含量,并进一步调整为精料补充料配方(表3-7、表3-8)。

表3-7 日粮配方与营养成分

饲料原料	日粮组成(千克/天)	日粮配比(%)	营 养 成 分	日粮采食量
青干草	0.16	13.80	干物质量/(千克/天)	0.99
苜蓿干草	0.30	25.86	消化能/(兆焦/天)	13.58
玉米	0.50	43.10	粗蛋白质/(克/天)	187.12
豆饼	0.18	15.52	钙/(克/天)	6.04
食盐	0.01	0.86	磷/(克/天)	3.27
添加剂	0.01	0.86		
合计	1.16	100.00		

表3-8 精料补充料配方与营养成分

饲料原料	日粮组成(千克/天)	日粮配比(%)	营 养 成 分	日粮采食量
玉米	0.50	71.43	干物质量/(千克/天)	0.59
豆饼	0.18	25.71	消化能/(兆焦/天)	9.60
食盐	0.01	1.43	粗蛋白质/(克/天)	114.15
添加剂	0.01	1.43	钙/(克/天)	0.65
合计	0.70	100.00	磷/(克/天)	2.23

第四章
做好种羊饲养，向繁殖要效益

第一节　种羊饲养与管理的误区

一、种羊饲养方面的误区

1. 认为羊是草食动物，就把秸秆作为羊的唯一饲料

我国农区秸秆资源丰富，因此多数养殖户把秸秆当作羊的唯一饲料来源。其实不同的农作物秸秆营养价值差异很大，虽然花生蔓等秸秆具有较高的饲用价值，但大多数秸秆营养价值很低，如小麦秸和稻草的粗蛋白质含量仅为3%~6%。玉米秸秆的粗蛋白质含量为3.5%，秸秆中还缺乏反刍动物所必需的维生素A、维生素D和维生素E等。此外，秸秆的大部分成分不能被家畜直接利用，即使是可直接利用部分，其转化效率也很低。因此，应选择合适的饲用秸秆，并与其他饲料配合使用，而不能将秸秆作为羊的唯一饲料。

2. 认为羊消化粗纤维的能力强，就可以少喂青绿饲料

青绿饲料营养丰富，适口性强，羊喜食。然而大多数舍饲养殖户却忽视了这点，基本上只喂羊干黄玉米秸秆，仅在夏秋雨季喂给少量的青绿饲料，远远不能满足羊对青绿饲料的需要。在饲喂维生素类添加剂不足的情况下，往往会引起羊维生素类缺乏症的发生。要做到一年四季都能有均衡的青绿饲料供给，舍饲养羊户应开辟青绿饲料专用地，人工种植紫花苜蓿、黑麦草、鲁梅克斯等牧草，除夏秋两季饲喂鲜草外，秋季收割后还可以晾制青干草或制成青贮饲料，或可种植玉米青贮供羊长年饲用。

3. 认为日粮中精料比例越高羊的生产性能越好

有的羊场为了追求羊的生长速度，大量饲喂精料，结果违背羊的消化特点，不仅危害羊的健康，而且增加饲料成本。羊是草食动物，精料饲喂量不是越多越好，对断奶后羔羊或成年羊单独或大量饲喂精料既不经济，又有损羊健康，易引起消化不良、酸中毒等症状。

4. 忽视供给洁净的饮水

羊的饲养过程中，有的饲养者认为羊吃饱就好，忽视饮水供给或让羊饮用不洁净的水，影响羊的正常代谢，甚至引发寄生虫病、传染病或消化道疾病。水是体液的主要成分，对机体正常物质代谢有重要作用。只有供给充足新鲜清洁的饮水，才能让羊有良好的食欲，草料才能被很好地消化吸收。若羊长期饮水不足，会引起唾液减少，瘤胃发酵困难，消化不良，体躯消瘦。因此，应保证每天每只羊有充足清洁的饮水。

5. 精料调制太简单

对精料调制过于简单是目前舍饲养殖户普遍存在的问题，有的舍饲养殖户补饲精料时只喂未经加工的玉米或者小麦，造成羊只营养摄取不平衡，饲料浪费，无形中增加了饲料成本。精料应按照不同品种、不同用途羊的营养需要配制，除要有一定量的玉米外，还要按比例配合豆粕、麸皮、鱼粉等能量和蛋白质饲料。此外还要添加适量的维生素和矿物质添加剂。

6. 忽视饲料添加剂的应用

利用羊用饲料添加剂可以促进肉羊的增重，增加效益。但有的羊场忽视了对添加剂使用，认为羊是草食动物，只饲喂草料就可以，或者认为加饲料添加剂会增加成本等。生产中，使用饲料添加剂虽然会增加一定的成本，但获得的效益要远远大于饲料添加剂的成本，所以要重视饲料添加剂的应用，科学合理地使用饲料添加剂。常用的饲料添加剂有复合饲料添加剂（由微量元素、瘤胃代谢调节剂、生长促进剂及有害微生物抑制物组成。适用于当年羯羔、淘汰公羊与母羊的育肥）、高蛋白质添加剂（用尿素、矿物质和维生素的混合物制成的反刍动物平衡饲料添加剂，因为用淀粉包裹着尿素，故延缓了尿素在瘤胃内的水解速度，提高了尿素利用率和安全性）、瘤胃素（又称莫能菌素钠等，其作用是减少瘤胃中甲烷的产生，增加过瘤胃蛋白质数量，从而提高肉羊的增重速度及饲料转化率）、杆菌肽锌（是一种抑菌促生长剂，有利于养分在肠道内的消化吸收，改善饲料转化率，提高增重效果。使用剂量为每千克混合料中添加 10~20 毫克）。

二、种羊管理方面的误区

1. 混群不科学导致近交，影响山羊的生长、生产

受传统放牧养羊习惯影响，大羊小羊、公羊母羊、弱羊壮羊、病羊健羊同舍混养在舍饲养殖户中普遍存在。这种饲养管理方式很难满足不同年龄、品种、性别、体况的羊只的不同的生活习性和生理需要，最终造成小羊长不大、弱羊长不壮、病羊好不了、种羊滥交滥配等许多不良后果。公、母羊混群饲养则出现近交衰退现象，如繁殖力减退，死胎和畸形增多，生活力下降，适应性变差，体质变弱，生长缓慢，生产力降低。大羊与小羊、身体强的羊与身体弱的羊混群饲养，个体小的或瘦弱的个体只能采食强大的个体吃剩的饲料，或者不能采食到需要采食的饲料量，使强者更强，弱的更弱，群体分化明显，羊的生长发育和健康状况受到一定影响。因此，舍饲养羊时应该把不同年龄、品种、性别、体况的羊分舍饲养，设立专用的产房、羔羊舍、肉羊舍、母羊舍、公羊舍、病羊隔离舍，并配以相应的饲养管理方法。公、母羊在性成熟前必须分群饲养，配种期的公羊应远离母羊舍，并单独饲养，以减少发情母羊和公羊之间的相互干扰。大小、强弱羊应分群饲养，按大小、强弱、病孕等标准分群，避免大欺小，强欺弱，病羊、妊娠羊抢不到草料而饿死等情况的发生。

2. 忽视羊舍外运动

目前，一些养殖户片面地认为舍饲养羊不用放，把羊当猪养，整日关在羊舍里，很少到舍外运动，结果引起羊只生理机能下降，主要表现在：一是母羊发情不明显、配孕率低、难产；公羊性欲减退、精液质量差、影响种羊繁殖性能。二是羊只体质差，抗病力弱，易患感冒、消化不良、中暑、传染性疾病。适量的舍外运动对舍饲羊的生长发育、交配繁殖有极其重要的作用。每天要保持羊有充足的运动，才能促进羊的新陈代谢，增强其食欲，保持正常繁殖，防御疾病。因此，一般舍饲羊每天要保持 1.5 千米的运动量，山羊比绵羊需要的运动量还要多些。

3. 饲养密度过大

羊是反刍动物，一天中要有较长时间用来采食饲草并进行反刍。所以，圈舍中要保持有足够的槽位、活动空间和休息场地。在生产中，一些养殖户为降低基建成本，羊舍面积小，饲养羊只数量多，饲养密度过大，羊只拥挤，相互争夺槽位，相互践踏，极易引起羊只营养不良、母羊流产、羔羊生长受阻、外伤等不良后果。每只舍饲山羊需要有 $2.0 \sim 3.0$ 米^2 的羊舍面积。

4. 消毒意识不强

消毒是控制和防止疫病发生、传播、流行，净化环境卫生的有效措施。据调查，部分舍饲养殖户消毒意识淡薄，不懂消毒知识，不会使用消毒药剂，长年不搞消毒工作。其中，还有一些规模舍饲养殖户，虽然建有消毒池、消毒室，墙上贴有消毒制度，购买了消毒药品和器械，但也成为摆设，未按规定开展消毒工作。应强化消毒防疫意识，克服麻痹思想，搞好日常消毒工作。要轮换选用不同类型的消毒剂对羊舍、运动场、饲槽、饮水器皿、饲养工具及圈舍进行消毒。

第二节 掌握山羊的生殖生理

山羊交配繁殖是增加羊群数量，扩增群体最直接有效的手段。搞好山羊的繁殖工作，更是养羊生产的关键环节。通过了解山羊繁殖生殖规律，掌握一些提高山羊繁殖率的繁殖技术并应用到生产实践中，就能有效提高羊群的扩繁效率。

一、公羊生殖器官与功能

1. 睾丸

睾丸为雄性生殖腺体，具有产生精子及合成和分泌雄性激素的功能。成年公羊的睾丸呈长卵圆形，左右各一，悬垂于腹下。山羊的睾丸重为 $120 \sim 150$ 克。正常的睾丸触摸时坚实，有弹性，阴囊和睾丸实质光滑而柔软。睾丸间质细胞分泌的雄激素能使公羊产生性欲和性行为，刺激第二性征，促进阴茎和副性腺的发育。

2. 附睾

附睾贴附于睾丸的背后缘，是一个由多数曲折、细小的管子构成的器官，连接着输精管和睾丸的曲精细管。附睾由头、体、尾3部分组成，是精子成熟和储存的场所，并为精子提供营养。

3. 阴囊

阴囊是由腹壁形成的囊袋，有2个腔，2个睾丸分别位于其中，阴囊具有温度调节作用，以保证精子正常生成。当外界温度下降时，借助内膜和睾外提肌的收缩作用，使睾丸上举，紧贴腹壁，阴囊皮肤紧缩变厚，保持一定温度；当外界温度升高时，阴囊皮肤松弛变薄，睾丸下降，阴囊皮肤表面积增大，以利于散热降温，阴囊腔温度通常为34~36℃。

4. 输精管

输精管由附睾管延续而来，具有发达的平滑肌纤维。输精管平滑肌强力的收缩作用可以产生蠕动，将精子从附睾尾输送到输精管壶腹，同时与副性腺分泌物混合，然后经阴茎射出。

5. 副性腺

副性腺包括精囊腺、前列腺和尿道球腺，射精时它们产生的分泌物和输精管壶腹的分泌物一起混合形成精清，精清与精子共同形成精液，其分泌物构成精子活动的适宜环境，增加精液射出量，促进精子活动能力并提供营养。

6. 尿生殖道

尿生殖道起自膀胱颈末端，终于龟头，可分为骨盆部和阴茎部，尿生殖道为尿液和精液排出的共同通道。

7. 阴茎

阴茎是公羊的交配器官，可分成根、体和龟头（或尖）3部分，其末端藏于包皮内。阴茎的功能是排尿和输送精液到母羊生殖道里。阴茎平时缩于包皮内，在配种或采精时受外界刺激，阴茎便充血勃起，尿生殖道的平滑肌发生收缩，精子从附睾进入输精管内与精清混合后从尿生殖道排出。

【提示】

选择种公羊时，除了要具有品种特征之外，一定要注意其睾丸的发育。要选择睾丸发育良好，左右对称的，不能出现一大一小，或者两侧都小的现象。

二、母羊生殖器官与功能

母羊的生殖器官主要由卵巢、输卵管、子宫、阴道及外生殖器等部分组成。

1. 卵巢

卵巢是母羊生殖器官中最重要的生殖腺体,位于腹腔肾脏的下后方,由卵巢系膜悬在腹腔靠近体壁处,左右各一,呈卵圆形,长 $0.5 \sim 4$ 厘米,宽 $0.3 \sim 0.5$ 厘米。卵巢组织结构分内外 2 层,外层是皮质层,可产生滤泡、生产卵子和形成黄体;内层是髓质层,分布有血管、淋巴管和神经。卵巢的功能是产生卵子、分泌雌激素和孕激素。

2. 输卵管

输卵管位于卵巢和子宫之间,为一弯曲的小管,管壁较薄。输卵管的前口呈漏斗状,开口于腹腔,称为输卵管伞,接纳由卵巢排出的卵子。输卵管靠近子宫角的一端较细,此部分称为输卵管峡部。输卵管是精子和卵子结合受精和受精卵开始卵裂的地方,并将受精卵输送到子宫。

3. 子宫

羊的子宫属于双角子宫。1 个中隔将 2 个羊角状的子宫角分开。子宫位于骨盆腔前部,直肠下方,膀胱上方。子宫由 2 个子宫角、1 个子宫体和 1 个子宫颈构成。子宫口伸缩性极强,妊娠子宫由于面积和厚度增加,其质量能增至未妊娠子宫的 11 倍。子宫角和子宫体的内壁有许多盘状组织,称为子宫小叶,是胎盘附着母体取得营养的地方。

子宫颈为连接子宫和阴道的通道,不发情和妊娠时,收缩得很紧,发情时稍微开张,便于精子进入。子宫的生理功能:一是发情时,子宫借助于肌纤维有节律、强而有力的收缩作用运送精液;分娩时,子宫以其强有力的阵缩而排出胎儿。二是子宫是胎儿发育生长的地方,子宫内膜形成的母体胎盘与胎儿胎盘结合,成为胎儿与母体交换营养和排泄物的器官。三是在发情期前,子宫内膜分泌物对卵巢黄体有溶解作用,以致黄体功能减退,在促卵泡素的作用下引起母羊发情。

4. 阴道

阴道是羊的交配器官和产道，前接子宫颈口，后接阴唇，靠外部1/3处的下方为尿道口。其生理功能是排尿、发情时接受交配、分娩时作为胎儿产出的通道。母羊发情时，阴道上皮细胞角化状况变化显著，依此可对母羊的发情、排卵及配种时机进行较准确的判断。

5. 外生殖器

外生殖器包括尿生殖前庭、大阴唇、小阴唇、阴蒂和前庭腺。

三、性成熟、体成熟及初配年龄

性成熟是指随着公母羔羊年龄和体重的增加，生殖器官基本发育完全，并表现出第二性特征，能产生出成熟的生殖细胞（精子和卵子），具有正常繁衍后代的能力，即此时的公、母羊交配，能够受精、妊娠并产生后代。母羊性成熟的年龄在6~8月龄，公羊为6~10月龄。此时山羊体重约占成年体重40%~60%。

体成熟是指山羊生长发育基本完成的时间。山羊从出生到体成熟一般需要8~12月龄。

在初配年龄上，本地山羊初配年龄为6~8月龄，南江黄羊为8~10月龄，波尔山羊为10~12月龄，一般公羊的初配年龄比母羊晚2月龄左右。初配时山羊的体重应以达到成年体重的70%为宜。过早配种会影响羊只自身的生长发育；过迟则会造成经济上的损失。

四、羊的发情

山羊为自发性排卵的动物，发情周期为18~24天，排卵发生在发情开始后的30~40小时。

1. 发情行为

母羊达到性成熟后出现正常的周期性性表现，如出现有性欲、兴奋不安、食欲减退等一系列行为变化，以及外阴红肿、子宫颈口开张、卵泡发育、分泌各种生殖激素等一系列生殖器官形态与功能的变化，称为发情。发情时母羊的行为及生殖器官均有明显的变化。大多数母羊表现出鸣叫不安，摇头摇尾，四处张望，食欲减退，反刍和采食时间明显减少，频繁排尿，并不时地摇摆尾巴，喜欢接近公羊，常嗅闻其会阴及阴囊部，或静立等待公羊爬跨，发情后期接受公羊爬跨，并主动将臀部转向公羊，两后腿叉开，翘尾，阴门开合。母羊外阴部充血肿胀，由苍白色变为鲜红色，阴唇黏膜红肿，用开膣器打开阴道检查，发情前期可见少量稀薄黏液随开膣器流出，子宫颈口潮红、湿润，但不开口，发情后期子宫颈口呈粉红色，松弛开放，黏液增多且更加混浊黏稠，从阴道流出时连绵不断。

2. 发情周期

发情周期是指母羊上一次发情开始到下一次发情开始的间隔时间。山羊的发情周期为 18～24 天，平均为 21 天。

3. 发情持续期

母羊每次发情的持续时间称为发情持续期，一般母羊发情的持续时间短，为 20～48 小时，所以应注意及时配种。

五、排卵和适时配种

1. 排卵

排卵是指卵泡破裂排出卵子的过程。排卵时间是指母羊发情后排出卵子的时间，山羊一般在发情后 30～40 小时排卵，排卵后 6～12 小时卵子达到受精部位，在此部位保持受精能力的时间是 12～16 小时。

2. 适配时机

山羊最适宜的配种时间在母羊发情结束前 1～8 小时，即是在母羊发情开始后 18～24 小时可开始配种，间隔 5～10 小时再重复配种 1 次，可提高受胎率和产羔率。因母羊年龄不同，适宜配种时间略有差异，即"老配早，少配晚，不老不少配中间"。

六、发情鉴定

对山羊进行发情鉴定的目的是及时发现发情母羊，正确掌握配种或人工授精时间，以防误配漏配，提高受胎率。山羊直肠窄小，无法进行直肠检查，因此山羊发情鉴定时，尤其对于舍饲山羊来说，主要采用公羊试情结合外部观察的方法。

1. 外部观察法

外部观察法是通过直接观察母羊的精神、行为和生殖器官的变化来判断其是否发情，这是鉴定母羊发情最基本、最常用的方法。

母羊发情时，精神表现为兴奋不安，对外界的刺激反应敏感。行为表现为鸣叫，反刍和采食时间明显减少，频繁排尿、摇尾，一般不拒绝公羊接近或爬跨，或主动接近公羊并接受公羊的爬跨。在发情初期，母羊性欲表现不很明显，以后逐渐显著，但排卵以后，性欲逐渐减弱，到了发情后期，母羊则拒绝公羊接近或爬跨。生殖器官的变化为外阴部充血肿胀，阴唇黏膜红肿；阴道间断性排出鸡蛋清样的黏液，发情初期黏液量少稀薄，发情中期黏液较多，发情后期黏液逐渐变得混浊黏稠；子宫颈口松弛开张；卵泡发育增大，到发情后期排卵。

2. 阴道检查法

阴道检查法是用开膣器或内镜插入母羊阴道检查生殖器官的变化以判定母羊是否发情。

（1）母羊保定 将母羊保定在距地面50～70厘米的保定输精架上。

（2）外阴消毒 用1%的甲酚皂溶液或0.2%的苯扎溴铵对母羊外阴消毒。

（3）器械的准备与消毒 开膣器或内镜在使用前要严格消毒。

（4）观察内容 观察阴道内黏膜色泽、黏液性状和子宫颈口开张情况。

① 黏膜色泽。母羊发情时，由于生殖道充血肿胀，黏膜颜色较深呈潮红色，不发情时黏膜颜色为粉红色。

② 黏液性状。母羊发情初期，黏液呈稀薄水样；发情中期，黏液浓稠呈无色透明状；发情后期，黏液较黏稠，由于混入了脱落的黏膜上皮细胞而呈混浊状态。

③ 子宫颈口开张情况。不发情时子宫颈口闭锁，发情时子宫颈口微微开张，输精器械较易插入。

3. 试情法

试情法（彩图19）是利用试情公羊接近母羊，通过观察母羊的反应来判断是否发情的方法。

（1）试情公羊的准备 应选择体格健壮、性欲旺盛、年龄在2～5岁的公羊。为了完成试情任务和避免公羊偷配，在试情前公羊可拴系试情布，即用40厘米×40厘米的白布1块，四角系带，捆拴在试情公羊的腹下，使其只能爬跨，不能交配；也可使用结扎了输精管的公羊，即将公羊阴囊从根部用手术刀切开，将输精管用缝合线结扎或者将输精管切除2~4厘米，术后6~8周待输精管内精子完全消失后再用于试情；还可以使用阴茎移位的公羊，即通过手术剥离阴茎部分，将其缝合在偏离原位置约45度的腹壁上，待切口完全愈合后即可用于试情。

（2）试情公羊的管理 试情公羊应单圈饲养，保持体格健壮，除试情外，不得和母羊饲养在一起。每隔5~6天要让试情公羊排精1次，隔1周左右休息1天。使用的试情布要每天更换清洗，以防产生硬块，擦伤公羊阴茎，造成公羊感染和引起不必要的损失。

（3）试情方法 试情应安排在每天早晨和傍晚。

将试情公羊赶入母羊群，试情公羊与母羊的比例以1:(45~50)为宜（牧区可适当增加母羊数量）。试情圈的面积以每只羊1.2~1.5 米^{2}为宜，圈大羊少，会增加试情公羊的劳累度；圈小羊多，会因拥挤而妨碍查找发情母羊，造成错选或漏选。

试情次数应以试情和抓膘两不误为宜，在羊群较大或劳动力不足时，可在每天早晨试情1次，否则可早晚各试情1次。

试情场所要保持安静，不要大声喧哗，更不能惊动羊群，以免影响试情公羊的性欲。工作人员要不断在羊群中间走动，随时将趴卧在地或拥挤在一起的母羊驱散，让试情公羊与母羊普遍接触。

正处于发情期的母羊见到试情公羊入群后会主动接近公羊，频频摇尾，接受公羊的挑逗或爬跨，有时也接受其他母羊的爬跨，但一般不主动爬跨其他母羊，有的则频频走动和鸣叫，不安心采食。

七、羊的配种方式

羊的配种方式有自然交配和人工授精2种。

自然交配是公羊和母羊直接交配的方式，是养羊业中最原始的配种方式。自然交配又分为自由交配和人工辅助交配。

1. 自由交配

自由交配（彩图20）是将公羊和母羊同群饲养，一般公母比例为1:(30~40)，这种配种方式可节省大量的人力物力。若公母比例合适，受胎率也较高；但在配种季节，性欲旺盛的公羊经常追逐母羊，公羊体力消耗很大，影响采食和抓膘；对公羊的需求量相对较大；无法控制交配次数；后代血缘关系不清；不能记录准确的配种日期，无法推算分娩时间，给产羔管理造成困难，易造成意外伤害和妊娠母羊流产，由生殖器官接触传播的传染病不易预防控制。

2. 人工辅助交配

人工辅助交配（彩图21）是人为地控制、有计划地安排公、母羊配种，即将公、母羊隔离饲养，在配种期内，利用试情公羊将发情母羊辨认出来，再与指定的良种公羊或品质优良的公羊进行单独交配。这种方法可以准确地记载母羊的配种时间和与配公羊，预测产期，节省公羊体力。一般每只公羊在1个配种季节可配母羊50只左右，对整个羊群的放牧无干扰，比较适合于有一定数量的良种公羊而开展人工授精有困难的情况。

3. 人工授精

人工授精是近代重大畜牧科技成果之一，也是当前养羊业中常用的技术措施。它是借助专门的器械和方法，采集公羊的精液，经过检查和适当处理后，将精液输入发情母羊的子宫颈口内，使其受胎并繁殖后代的技术。人工授精大大提高了优秀种公羊的利用率（每只种公羊在1个配种季节可配母羊300~500只）；提高了母羊的受胎率；减少了疾病的传播；节省了种公羊的购买经费和饲养费用。

人工授精技术包括采精、精液品质检查、稀释和输精等程序。

八、妊娠、分娩和产后发情

1. 妊娠期

母羊最后一次配种到胎儿产出的这段时间称为妊娠期，山羊的妊娠期在144~159天，平均为150天。羊妊娠期的长短因品种、营养及羔羊数量等因素而有所变化。

2. 妊娠诊断

配种后的母羊应尽早进行妊娠诊断，及时发现空怀母羊，以便采取补配措施。对已受孕的母羊加强饲养管理，避免流产，这样可以提高羊群的受胎率和繁殖率。早期妊娠诊断有以下几种方法。

（1）外部观察法　母羊配种受胎后，在孕激素的作用下，发情停止，不再有发情症状表现，性情变得较为温顺。同时，妊娠母羊的采食量增加，食欲增强，营养状况得到改善，毛色变得光亮润泽。但仅靠外部表现不易早期确切诊断母羊是否受胎，因此还应结合触诊法来确定。

（2）触诊法 触诊法是让待查母羊自然站立，工作人员用双腿夹住羊的脖子，头朝向羊的身后，然后弯腰用2只手以抬抱的方式在羊腹壁前后滑动，抬抱的部位是母羊乳房的前上方，用手触摸是否有胚胎。注意抬抱时手掌展开，动作要轻，以抱为主。

（3）阴道检查法 阴道检查法就是检查妊娠母羊阴道黏膜的色泽、黏液性状及子宫颈口形状。

母羊妊娠后，阴道黏膜由空怀时的浅粉红色变为苍白色，用开膣器打开阴道后，黏膜即由白色变成粉红色，而空怀母羊的阴道黏膜始终为红色。妊娠母羊的阴道黏液呈透明状，量很少，也很浓稠，能在手指间牵成线；相反，如果黏液量多、稀薄、颜色灰白，母羊则为未妊娠羊。妊娠母羊子宫颈口紧闭，色泽苍白，并有子宫栓堵塞在子宫颈口，而空怀母羊则没有这些特点。

（4）免疫学诊断 妊娠母羊血液、组织中具有特异性抗原，能和血液中的红细胞结合在一起，用它诱导制备的抗体血清和待查母羊的血液混合时，妊娠母羊的血液红细胞会出现凝集现象。如果待查母羊没有妊娠，加入抗体血清后红细胞不会发生凝集现象。由此可以判定被检母羊是否妊娠。

（5）孕酮水平测定法 孕酮水平测定法是对待查母羊在配种20～25天后采血，制备血浆，采用放射免疫标准试剂与之对比，判读血浆中的孕酮含量。判定妊娠参考标准为：山羊每毫升血浆中孕酮含量大于2×10^3微克。

（6）超声波探测法 超声波探测法是利用超声波的物理特性和不同组织结构的声学特性来判断是否妊娠的物理学妊娠诊断方法。

采用较精密的B型超声波诊断仪（彩图22）的检查方法是：将待查母羊保定后，在腹下乳房前毛稀少的地方涂上耦合剂，将探头对着骨盆入口方向探查。用超声波探测法诊断羊早期妊娠的时间最好是在配种40天以后，这时胎儿的鼻和眼已经分化，易于诊断，准确率较高。此法不仅可判断胎儿是否存在，还可判断是单胎还是多胎。

3. 分娩

发育成熟的胎儿从母体内排出称为分娩。母羊启动分娩到胎儿排出，时间很迅速，一般为 5~30 分钟，多数母羊仅需 15 分钟即可排出胎儿，少数延长到 2~4 小时。第一个胎儿产出到第二个胎儿产出的间隔时间平均为 15 分钟，胎儿产出后 25 分钟左右排出胎衣。一般放牧的山羊会比舍饲的山羊分娩的速度要快一些。

4. 产后发情

可长年发情的山羊，繁殖季节不严格，一般在产后 30~59 天会出现发情行为，平均在产后 35 天就能再次发情配种。

九、繁殖季节

山羊的繁殖一般在秋冬两季。秋季发情好、发情排卵整齐，容易配种和妊娠，有利于胎儿生长发育；第二年春暖花开的时候产仔，成活率高。但山羊通过人们长期选育和科学管理，繁殖季节不太明显，四季均可发情配种。

如果要 2 年产 3 胎，多在春、秋两季配种。3 月配种，在 8~9 月产羔；9~10 月配种，第二年 2 月产羔。在生产实践中，要尽力避免在寒冷的冬季，或炎热的夏季配种。

第三节 提高种公羊配种效果的主要途径

俗话说："公羊好，好一坡，母羊好，好一窝。"种公羊饲养的好坏，对提高羊群品质、外形、生产性能和繁育效率影响很大。对于品质优良的种公羊，好的饲养管理能很好地发挥其种用价值。在各类羊场的羊群结构中，种公羊约占 2%。种公羊的数量少，但种用价值高。保证种公羊充分发挥优良性状，是饲养管理中非常重要的部分。如果饲养管理不好，种公羊体质瘦弱，必然不能担负起繁重的配种任务；但一味地给予好草好料，种公羊长得过于肥胖，也难以担负繁重的配种任务，所以，对种公羊必须精心饲养管理，要求种公羊常年保持中上等膘情、健壮的体质、充沛的精力、优秀的精液品质，这样才能保证和提高种公羊的利用率。

一、种公羊的营养特点

种公羊的营养应维持在较高的水平,以使其常年保持精力充沛,维持中等以上的膘情。在配种季节前后,应加强种公羊的营养,使其保持上等体况,这样才能让种公羊性欲旺盛,配种能力强,精液品质好,以充分发挥其作用。种公羊精液中含高质量的蛋白质,绝大部分直接来自于饲料,因此种公羊的日粮中应有足量的优质蛋白质。另外,还要注意脂肪、维生素A、维生素E及钙、磷等矿物质的补充,因为它们与精子活力和精液品质有关。在秋冬季节,种公羊性欲比较旺盛,精液品质好;在春夏季节,公羊性欲减弱,食欲逐渐增强,这个阶段应有意识地加强种公羊的营养,使其体况恢复。到了8月下旬,日照变短,种公羊性欲旺盛,若其营养不良,则很难完成秋季配种任务。但因为配种期种公羊性欲强烈,食欲下降,此时很难补充身体消耗,只有尽早加强营养,才能保证配种季节种公羊的性欲旺盛,精液品质好,圆满地完成配种任务。

要求喂给种公羊的草料营养价值高,品质好,容易消化,适口性好。在选择种公羊的草料时,应因地制宜,就地取材,力求多样化。

二、种公羊的饲养

种公羊的饲养可分非配种期饲养和配种期饲养。种公羊的配种期可分为配种准备期、配种期和配后复壮期。

1. 非配种期的饲养

种公羊在非配种期的饲养以恢复和保持其良好的种用体况为目的。配种结束后,种公羊的体况都有不同程度的下降。为使种公羊体况尽快恢复,在配种刚结束的1~2个月内,种公羊的日粮应与配种期基本一致,但对日粮的组成可做适当调整,加大优质青干草或青绿多汁饲料的比例。并根据体况的恢复情况,逐渐转为饲喂非配种期日粮。我国山羊品种的繁殖季节大多集中在9~12月,非配种期较长。种公羊在冬季饲养时保持较高的营养水平,既有利于其体况恢复,又能保证其安全越冬度春。要做到精粗料合理搭配,补喂适量青绿多汁饲料(或青贮饲料)。在精料中应补充一定量的矿物质元素,每只每天混合精料的用量不低于0.5千克,优质干草2~3千克。种公羊在有条件的地区春夏季节应以放牧为主,每天补喂少量的混合精料和干草。

2. 配种期的饲养

种公羊在配种期内要消耗大量的养分和体力,因配种任务或采精次数不同,不同种公羊个体对营养的需要量相差很大。一般对于体重80~90千克的种公羊每天的饲料定额如下:混合精料1.2~1.4千克,苜蓿干草或野干草2千克,胡萝卜0.5~1.5千克,食盐1~20克,骨粉5~10克。每天给草料2~3次,饮水3~4次。每天放牧或运动约6小时。对于配种任务繁重的优秀种公羊,每天应补饲1.5~2.0千克的混合精料,并在日粮中增加部分动物性蛋白质饲料(如鸡蛋),以保持好的精液品质。在配种期,种公羊的饲养管理要做到认真、细致,要观察羊的采食、饮水、运动及粪、尿排泄等情况。

在配种前1.5~2个月,逐渐调整种公羊的日粮,增加混合精料的比例,同时进行采精训练和精液品质检查。开始时每周采精1次,以后增至每周2次,并根据种公羊的体况和精液品质来调整日粮或增加运动。对精液稀薄的种公羊,应增加日粮中蛋白质的比例;当精子活力差时,应加强种公羊的放牧和运动。采精次数要根据种公羊的年龄、体况和种用价值来确定。

在我国农区的大部分地区,羊的繁殖季节有的在春秋两季,有的可全年发情配种。因此,对种公羊全年均衡饲养较为重要。除搞好放牧、运动外,每天应补饲0.5~1.0千克混合精料和一定的优质干草。对于舍饲饲养的种公羊,每天应饲喂混合精料1.2~1.5千克,青干草2千克左右,并注意矿物质和维生素的补充。

三、种公羊的管理

在管理上,种公羊要与母羊分群饲养,避免系谱不清、近亲繁殖等现象的发生,使种公羊保持良好的体质、旺盛的性欲及正常的采精配种能力。如长期拴系或配种季节长期不配种,种公羊会出现自淫、性情暴躁、顶人等恶癖,管理时应予以预防。

每天要保证种公羊有充足的运动量,常年放牧条件下,应选择优良的天然牧场或人工草场放牧种公羊;在舍饲羊场,在提供优质全价日粮的基础上,每天安排4~6小时的放牧运动,每天走动不少于2

千米或运动 6 小时，并注意供给充足饮水。

应保持种公羊舍清洁、干燥、卫生、通风良好。

种公羊配种采精要适度，一般 1 只公羊可承担 30 ~ 50 只母羊的配种任务。配种时每天可采精 1 ~ 2 次，不要连续采精。1.5 岁的种公羊 1 天内采精不宜超过 2 次，2.5 岁种公羊每天可采精 3 ~ 4 次。对于采精次数多的种公羊，中间要有休息，公羊在采精前不宜吃得过饱。

另外，管理上要做到定期驱虫、定期修蹄，还要用毛刷经常刷拭羊体，增强种公羊皮肤代谢功能，减少体表寄生虫病的发生。

第四节　提高种母羊繁殖效果的主要途径

一、适时配种

适时配种是提高母羊受胎率的重要条件。从理论上讲，配种应在排卵前几小时或十几小时进行，才能获得高的受胎率。但是由于排卵时间很难确定，因此一般多根据母羊发情开始的时间和发情症状的变化来确定配种适宜期。

羊配种的最佳时间是发情后 18 ~ 24 小时。这时子宫颈口开张，容易做到子宫颈内配种输精。一般可根据阴道流出的黏液来判断发情的早晚，如黏液已混浊呈不透明的黏胶状即到了发情晚期，也是配种输精的最佳时期。

由于母羊发情的开始时间很难判定，根据母羊发情晚期排卵的规律，可采取早晚 2 次试情的方法挑选发情母羊，确定交配时间，一般早晨发情的羊于傍晚进行配种，下午和傍晚发情的羊于第 2 天早晨配种。为确保受胎，在第 1 次配种后间隔 12 小时再重复配种 1 次，这样可以大大提高受胎率。

二、保胎管理

在母羊妊娠期的饲养管理上，要求格外留心，精心饲养管理，做好保胎工作，重点是前期要防止发生早期流产，后期要防止由于意外伤害发生早产。

应避免妊娠母羊吃冰冻饲料和发霉变质的饲料,不吃霜冻草,不饮脏水;防止羊群受惊吓,不能紧追急赶,出入圈时严防拥挤;要有足够的料槽、水槽,防止羊采食、饮水时相互挤压造成流产。母羊在预产期前 1 周左右可转入待产圈舍饲养,适当加强运动,以增强体质,预防难产。圈舍要求宽敞,清洁卫生,通风良好,特别是在冬季要注意防风保暖。加强对妊娠母羊的饲养管理,不仅有利于胎儿的生长发育,而且可以提高羔羊的初生体重和健康状况,对后代各项生产性能的提高都有利。

三、安全接产与分娩异常处理

羔羊接产、助产是养羊生产中的重要环节,做好羔羊出生时的接产和助产工作是提高羔羊成活率的前提和基础。

1. 产羔前的准备

(1) 产房及用具的准备 产羔工作开始前 10~15 天维修产房,于产前 3~5 天对产房、运动场、饲槽、分娩栏、手术器械、手术台等进行认真的清扫,并用 10%~20% 的石灰乳进行彻底消毒,同时准备好产羔时所用的消毒液。对于消毒后的产房,要做到地面干燥、空气新鲜、光线充足、防寒保暖(舍温不低于10℃)。

为了让分娩母羊熟悉产房环境,在临产前 2~3 天就应将其转入产房,确定专人管理,随时观察。产羔栏设于产房四周,每栏面积为 1.6~1.8 米^2。

(2) 接羔人员的准备 接羔是一项繁重而又细致的工作。因此,对每群产羔母羊除安排主管接羔的技术人员外,必须配备一定数量的辅助人员,确保接羔工作的顺利进行。接产时,接产人员及辅助人员必须分工明确、责任落实;接羔期间要求坚守岗位、认真负责。对于初次参加接羔的工作人员,应在接羔前组织学习有关接羔的知识和技术,以便做到沉着、稳定、科学、正确地接产羔羊。

(3) 器械及药品的准备

1)药品的准备。准备充足的必需药品,常规的如碘酊、苯扎溴铵、普鲁卡因、生理盐水、缩宫素、抗生素等。

2)器械的准备。常规的如剪刀、镊子等,以及剖宫产的全套器械必须整理好备用。

2. 分娩和接羔

（1）母羊临产前的症状 母羊在临近分娩时会有以下异常的行为表现和组织器官的变化：临产母羊乳房开始胀大，乳头变硬并能挤出黄色的初乳；外阴部明显肿胀变大，并有浓稠黏液流出；骨盆韧带变得柔软松弛，肷窝明显下陷，臀部肌肉也有塌陷，由于韧带松弛，荐骨活动性增大，用手握住尾根向上抬时感觉荐骨后端能上下移动；临产母羊表现为离群，常站立在墙角处，放牧时易掉队，用蹄刨地，起卧不安，排尿次数增多，不断回顾腹部，食欲减退，停止反刍，不时鸣叫等。对于有这些表现的母羊应做好接产工作。

（2）分娩 分娩一般有阵缩与努责、胎儿产出2个阶段。

1）阵缩与努责阶段。该阶段以子宫颈的扩张和子宫肌肉节律性的收缩为主要特征。在这一阶段，每15分钟左右发生1次阵缩，每次约20秒。在子宫阵缩的同时，母羊的腹壁也会伴随发生努责。阵缩与努责是胎儿产出的基本动力。在这个阶段，扩张的子宫颈和阴道成为一个连续产道。随着胎儿和羊膜进入骨盆入口，羊膜开始破裂，羊水流出阴门。阵缩与努责阶段的持续时间为0.5~24小时，平均为2~6小时，若羊膜破后超过6小时胎儿仍未产出，应考虑胎儿胎位是否正常，按难产处理。

2）胎儿产出阶段。胎儿随同羊膜继续向骨盆出口移动，同时引起膈肌和腹肌反射性收缩，使胎儿通过产道产出。胎儿正常分娩时为两前肢夹着头先产出，其余部位随后产出。胎儿产出体外的时间为0.5~2小时，产双羔时，先后间隔时间为5~30分钟。

产羔后0.5~3小时胎衣排出。胎儿产出时间一般不会超过2~3小时，如果时间过长，则可能是胎儿胎位不正导致难产。

（3）接羔 羔羊出生后，先把其口腔、鼻腔里的黏液掏出擦净，以免羔羊因呼吸困难、吞食羊水而引起窒息或异物性肺炎，让母羊舔干净羔羊其余部位的黏液。脐带可自行断裂，或在脐带距腹部4~6厘米处用手扯断，断端用5%碘酊进行消毒。对羔羊进行编号，称量羔羊出生重，按要求填写羔羊出生登记表。0.5小时内辅助羔羊吃上初乳，对于站不起来的羔羊可以人工哺喂初乳。

【提示】

正常分娩时的接产工作如下：

1）分娩母羊后躯、外阴部及乳房的消毒。

2）待羔羊头部露出时，应用干净的毛巾或纱布将其口、鼻腔内的黏液擦净。

3）整个羔羊产出后，应及时进行断脐工作，并对断端进行消毒。

4）做好保温工作，让母羊将羔羊身上的黏液舔干净。

5）其他工作，如称初生重、及早吃初乳、打耳标、打破伤风疫苗、将排出的胎衣及时拿走及分娩场所的卫生消毒工作。

（4）难产和假死羔羊的处理

1）难产处理。胎儿过大或胎儿胎位异常时，胎儿前置部位露出后超过2~3小时仍未产出母体外，即可作为难产处理。遇到难产母羊时，接羔人员应立即用2%的甲酚皂溶液洗净手臂，涂抹润滑剂，无适当润滑剂时也可用肥皂，然后根据不同情况采取不同的方式助产。如胎儿过大，应把胎儿的两前肢拉出来再送回产道，反复3~4次扩大阴门后，配合母羊阵缩补加外力牵引，帮助胎儿产出。如果遇到胎位胎向不正的情况，接羔人员应配合母羊阵缩，在阵缩间歇时用手将胎儿轻轻推回腹腔，手也随着伸进阴道，用中指、食指帮助纠正异常的胎位胎向，待纠正后再行引出胎儿。

2）假死羔羊的处理。由于难产造成分娩时间过长，子宫内缺乏氧气，或羔羊过早的呼吸而吸入羊水等都可以造成羔羊假死。遇到这种情况，首先用手握住羊嘴，挤出其口腔、鼻腔中的黏液，再将羔羊两后肢提起来，使羔羊悬空后轻拍其胸背部，或让羔羊仰卧做人工呼吸。假死时间不长的羔羊一般都能苏醒过来。也可采取温水浴，即将羔羊移入暖房，放入温水中，头露在水面上，水的温度由35℃缓慢上升至45℃，半小时内羔羊就可醒来，一醒来马上将其身上的水擦干净，进行保暖。

四、做好哺乳母羊的饲养管理

母羊产羔后即开始哺育羔羊，母羊哺乳羔羊的时间常为3~4个月，如果进行羔羊育肥，也有提前到1.5月龄进行早期断奶的。

1. 哺乳前期

母羊产羔后，最初几天主要采用舍饲方式，尽量减少放牧，让母仔在一起，让母羊精心抚育羔羊。饲喂时以优质嫩草、干草为主，同时喂米汤，让其自由饮用；产后4~7天，每天可喂麸皮0.1~0.2千克、青贮饲料0.3千克；产后7~10天，每天喂混合精料0.2~0.3千克、青贮饲料0.5千克；产羔15天以后，逐渐恢复到正常的饲养标准。

要注意的是，首先保证有足够的优质青干草任母羊自由采食，但精料和多汁饲料的喂量要逐渐地由少到多，缓慢增加，不能操之过急，否则会影响母羊体质的恢复和生殖器官的恢复，还容易发生消化不良等胃肠疾病，轻者影响本胎次的产奶量，重者影响母羊终生的生产性能。哺乳前期单靠放牧不能满足母羊泌乳的需要，因此，必须补饲草料。对于膘情好、乳房膨胀过大、消化不良者，应以饲喂优质青干草为主，不喂青绿多汁饲料，控制饮水，少给精料，以免加重消化障碍和乳房肿胀；对于体况较瘦、消化力弱、食欲不振和乳房肿胀者，可适当补喂一些含淀粉的饲料，多进行舍外运动，以增强体力。

2. 哺乳后期

产羔后1个月，母羊产奶量达到高峰，2个月后逐渐下降。这时母羊的食欲较旺盛，每天除了饲喂相当于母羊自身体重2%~4%的优质干草外，还应尽量多喂一些青贮、青草、块根块茎类多汁饲料。饲喂要定时定量，少给勤添，清洁卫生。在哺乳后期，除了逐渐减少精料以外，还应尽量供应优质青干草和青绿多汁饲料，有利于母羊自身和羔羊的生长。

总之，母羊补饲的重点在哺乳前期，哺乳前期羔羊的生长发育主要依靠母乳，如果母乳充足，羔羊生长发育就快，抵抗疾病的能力也强，成活率高。此时，一定要供给母羊丰富而又完善的营养，特别是此时母羊对蛋白质和无机盐的需求量较大，应足量供给。单羔母羊每天补饲精料0.3~0.4千克，双羔母羊每天补饲精料0.4~0.6千克。随着羔羊开始采食饲草料，可逐步降低母羊的营养标准。在哺乳后期，母羊产奶量下降，加之羔羊已具有采食饲料的能力，羔羊已经不再完全依赖母乳了。

第五节　羊的杂交利用

对于生产性能低、没有特殊价值的土种羊，应进行杂交改良。杂交改良的目的不同，采用的杂交方法也不同。培育新品种时一般采用育成杂交方法；提高生产性能和产品质量，不强调原品种的保留，一般采用级进杂交的方法；培育的新品种在某些方面有缺点，通过本品种选育或纯种繁育方法改进效果慢时，可以采用导入杂交的方法；经济羊场和个体养殖户为利用杂种优势，提高羊肉产量时，就采用经济杂交方法。无论用哪种方法，都要经过周密的考察，对于被改良品种和改良品种进行全面了解，明确改良育种目标。采取科学合理的技术，并给予好的培育条件。

一、级进杂交

级进杂交是指用改良品种的种公羊，与本地被改良品种的母羊杂交，所产杂交后代母羊继续与改良公羊（同品种但无血缘关系）交配，至 3～5 代，当杂交后代的外貌特征和生产性能与改良者基本一致时，从杂交后代中选出优秀个体进行交配（横交固定）。这种方法有利于提高羊群的整体生产水平。

需要注意的是：人们在利用这种杂交方式时，往往急功近利，单纯看重眼前的经济利益，而不注重整体生产水平的提高。

二、育成杂交

用育成杂交的方法培育新品种分 3 个阶段。

1. 杂交创新阶段

杂交创新阶段是用改良品种的优良性状去逐渐减少、削弱被改良品种的不良性状，把人们需要的优良性状的基因结合在一起，创造出理想型个体。在杂交创新阶段，要强调整顿羊群，按质分群，优质优饲，同时要加强淘汰，并注意发现优秀个体，为横交固定做好公羊选留工作。

2. 横交固定阶段

横交固定也称自群繁育。此阶段是通过杂种羊的定向选择和培育，使达到理想型的公羊、母羊进行横交，从而获得固定了的理想型个体。在由粗毛羊改良成细毛羊时，一般3~4代即可实现横交固定。

3. 纯繁推广阶段

在横交固定形成种群后，就可进入纯繁推广阶段。通过纯繁扩大数量，采用选种手段再使品种类型、生产性能趋于一致，使基因型纯化，然后经过验收命名为新品种。

三、导入杂交

导入杂交是在导入杂交后代中选择含外血1/2（F1代）或1/4（F2代）的优良个体与原品种进行回交，然后进行自群繁育。通过这种方法，不仅能保持原品种的生产方向和特性，而且能迅速有效地改进品种的某些缺点。在导入外血之前，要对原品种优缺点进行全面分析，确定哪些应当保留，哪些需要提高，然后再选择合适的理想个体与之配种。实践证明，导入杂交中，外血含量应在1/8~1/4，也就是说不是杂交二代就是杂交三代达到理想型目的。

四、经济杂交

经济杂交具有明显的杂种优势。杂种优势简单来说就是杂交后代主要在生长发育、繁殖性能和生产性能等方面比它们的父本、母本要好。常利用杂种优势生产肥羔，这是畜牧业生产中的增产技术。

但要注意，杂种后代的表现取决于杂交亲本的优劣，父本、母本纯合度越高越优秀，杂交产生的优势才会越明显，因此，正确选择亲本是杂交成败的关键。杂交亲本包括父本和母本，对于母本，应选择在本地区数量多、适应性好的品种，并且繁殖力和羔羊成活率要足够高，产羔数一般为2个以上，至少是2年3产。此外，还要求泌乳力强、母性好，母性强弱关系到杂种羊的成活和发育，影响杂种优势的表现。在不影响生长速度的前提下，不一定要求母本的体格很大，比如南江黄羊等都是较适宜的杂交母本。对于父本，应选择生长速度快、饲料转化率高、胴体品质好的品种，如波尔山羊等都是经过精心培育的专门化品种，遗传性能稳定，可将优良特性稳定地遗传给杂种后代。若进行三元杂交，第一父本不仅要生长快，还要繁殖率高；选择第二父本时主要考虑产肉力强。

主要的经济杂交方法有：二元杂交、三元杂交和轮回杂交。

二元杂交是两个肉羊品种间的杂交。一般是用优秀肉用品种的种羊作父本，用本地羊作母本，杂种一代无论公母都不作种用，而是全部用于商品生产。二元杂交是最简单的一种杂交方式。杂种后代可吸收父本个体大、生长发育快、肉质良好和母本适应性强等优点，方法简单易行，应用广泛，但母本的杂种优势，如繁殖性能方面的优势，却无法得到充分发挥。

三元杂交是先用2个品种杂交，所生杂种母羊再与第3个品种杂交，所生一代杂种公羊及二代杂种羊均作为商品代。三元杂交一般以本地羊作母本，选择肉用性能强、繁殖率高的肉羊作为第一父本，进行第一步杂交，产生体格大、繁殖力强、泌乳性能好的母羊，作为羔羊肉生产的母本，公羊则直接育肥。再选择体格大、早期生长快、瘦肉率高的肉羊品种作为第二父本（终端父本），与母羊进行第2轮杂交，所产羔羊全部肉用。这种方法不但利用了父本生长发育方面的优势，而且还利用了母本繁殖性能方面的优势，但繁育体系的组织工作相对较为复杂。

二元杂交简单，只需维持2个纯种群，但只利用了1次杂种优势，母本在繁殖方面的优势也没利用。而三元杂交在生产上利用较多，不但利用了2次杂种优势，杂交一代还利用了母本繁殖性能方面的优势，缺点就是需要维持3个纯种群。

轮回杂交就是2个品种一代一代轮流杂交，杂交后代的公羊育肥，母羊则与下一个品种杂交。也可以把杂交后代一部分留种，一部分育肥，一部分继续杂交，这样既补充了种羊，又保证了羔羊的数量。这要根据自己场内的情况和需求来决定。

为了获得最优的杂交组合，应考虑选择那些在分布上距离较远、来源差别较大、类型特点不同的品种作为杂交亲本。生产中常见的杂交模式：波尔山羊公羊与南江黄羊母羊杂交，公羊、母羊初生重分别为2.67千克、2.44千克，2月龄体重达到10.69千克、9.10千克，8月龄体重达到22.56千克，杂种羊从初生到周岁的体重比南江黄羊高30%。

第五章
精心饲养羔羊，向成活要效益

第一节　羔羊饲养管理的误区

一、羔羊饲养上存在的误区

有的养殖场不重视羔羊断奶前的补饲工作。羔羊出生后的1周内主要以母乳作为其食物的来源。随着日龄的增加，羔羊的体重也随之增加，对营养的需求也越来越高，而母乳中提供的营养物质越来越难以满足羔羊生长发育的需要，此时需要对羔羊进行补饲。但是，在实际生产中，养殖户只让羔羊随母羊哺乳，很少专门进行羔羊的补饲工作，这就造成羔羊的生长速度减慢，羔羊瘤胃容积的增长和瘤胃内微生物区系的形成也受到影响，导致断奶后羔羊对饲料的消化利用效率比较低，从而也影响到断奶后羔羊的生长发育。

在羔羊断奶前，也要重视其补饲工作，先补充精饲料，然后再慢慢添加粗饲料，以促进其瘤胃微生物区系的形成和瘤胃容积的增加，同时也满足其生长发育对营养的需要。这样，羔羊在断奶后的消化机能比较健全，提高了对饲料的消化利用效率。

二、羔羊管理上存在的误区

1. 忽视哺乳卫生工作

羔羊出生能够自行站立后，就会跑到母羊身边开始吃初乳。但是，有些工作人员哺乳卫生意识不够，未对母羊的乳房进行清洗消毒，也没有挤掉乳头孔内的异物，造成哺乳时有些病原微生物会随母乳进入羔羊体内，导致羔羊腹泻，甚至危害羔羊的生命安全。因此，在母羊分娩前后，要对母羊的乳房进行清洗消毒，如果乳房上有羊毛还要用剪刀将羊毛清理干净，并且在哺乳前要先挤出母羊乳房内的少许奶，保证母羊乳头孔内干净。

2. 环境卫生条件差

羔羊的先天性免疫力差，调节体温能力也不强，抵抗力弱，因此对环境的要求就比较高，必须做好分娩场所的卫生消毒及保暖工作。但在实际生产中，很多养殖场未对分娩场所进行相应的清洗消毒工作，甚至有些养殖场在寒冷的冬季也未对出生后的羔羊进行保温工作，造成羔羊出生后体质更弱，甚至发生疾病（如感冒、肺炎等），严重的还会导致羔羊死亡。环境卫生条件差，也会造成母羊乳腺炎的发病率提高，影响母羊哺乳，增加养殖成本，降低了养殖场的经济效益。

3. 不重视羔羊的寄养工作

养羊生产中，会出现有些母羊产多羔，有些母羊产单羔，有些母羊产后无乳或少乳等现象。有些养殖场对此不做相关调整工作，产多羔的也让母羊自己养，产单羔的也让母羊自己养，这样就造成有些羔羊吃得多，有些羔羊吃得少。吃得少的羔羊如果营养不足，就会影响其生长发育，甚至发展为僵羊，严重的会被饿死，造成羊场的经济损失。因此，要做好羔羊的寄养工作。

第二节　羔羊生理特性与死亡原因分析

一、羔羊生理特点

羔羊是指处于出生到断奶这一阶段的羊，一般指3月龄以前的羊。羔羊的一般生理特点如下：

1. 先天性免疫力差

在1～2周龄前，羔羊几乎全靠母乳获得抗体，羔羊出生后1小时内吃不上初乳或初乳吃得不足，会站立不稳，浑身发抖，严重者则口腔紧闭，不会动，体温下降，死亡率增高。

2. 调节体温能力差

由于初生羔羊大脑皮层发育还不完善，体温调节能力差，而且体内用于供热的物质较少，加上本身皮薄毛稀，皮下脂肪少，初生羔羊更加怕冷。在冬季或天冷时要注意对羊舍保温，产羔舍的温度应保持在15℃以上。

3. 消化道不发达，消化机能不完善

与成年羊相比，初生羔羊的消化道明显较短，而且机能不完善，因此初生羔羊采食草料的能力差，此时饲养管理的重点是对母羊进行补饲，促进母羊多产奶。母羊奶水足，羔羊才能健康发育。

4. 生长发育快

羔羊在断奶前生长发育较快。根据这一特点，在哺乳期除满足羔羊吃足母乳的要求外，为促进羔羊瘤胃发育和快速生长，在羔羊出生15天左右，应训练羔羊采食饲料。将羔羊单独分出，在补饲栏中加入粉碎后的混合饲料和饲草，让其自由采食，饲料要求高营养、高蛋白质、易消化吸收。饲料组成以玉米、豆粕为主，并添加适量的食盐、骨粉、胡萝卜等，使羔羊逐渐习惯采食。同时要适当补喂优质青干草。

二、羔羊死亡原因分析

造成羔羊死亡的原因有很多，其中包括先天因素和后天因素2种。

1. 羔羊先天发育不良，抵抗力差

母羊妊娠期营养不良，特别是在妊娠后期，如果饲料中营养物质不足，缺乏蛋白质、矿物质和维生素等，会直接影响胎儿的生长发育和母乳的质量。饲料中缺乏蛋白质、维生素、钙、磷等物质时，羔羊发育差，出生时弱小，有的站不起来，多数在1~3天内死亡。

2. 管理与护理不当

管理和护理不当包括：哺乳母羊和羔羊饲养管理不当，羔羊受寒；妊娠羊患有疾病，羔羊发育受到影响，早产羔与弱羔很少能存活；产羔时无人护理，产后外界环境恶劣，如寒冷、大风侵袭，羔羊承受不住体内外环境的巨大变化，极易死亡；羔羊出生后体弱，吃不到奶，初产母羊不让羔羊吃奶，母羊无奶或患乳腺炎，产后母羊死亡等。圈舍潮湿、寒冷、有贼风侵袭；产羔舍无垫草、卫生条件不良，通风差，羔羊易患病死亡；意外事故，被其他羊顶撞、踩踏或挤压，会造成少数羔羊外伤致死。

3. 羔羊患各种疾病

肺炎、胃肠炎、肺炎是引起羔羊死亡的主要原因。其中，因消化系统疾病死亡的羔羊占羔羊死亡总数的50%以上。

三、防止羔羊死亡的措施

(1) 加强饲养管理 用科学合理的全价饲料饲喂妊娠母羊，保证胎儿生长发育；做好接羔、脐带消毒等工作，保证分娩羊舍适宜的温度、湿度、通风等，以防羔羊窒息、冻死、饿死。

(2) 控制疫病 做好羊场的免疫工作，定期进行免疫接种；做好羊舍的消毒工作；适时进行羊场的驱虫工作。

(3) 保证羔羊吃足初乳 初乳中的各种抗体可增强羔羊的抗病力，防止传染病的发生。

第三节 哺乳期提高羔羊成活率的主要途径

一、让羔羊早吃和吃好初乳

初乳浓稠，呈浅黄色，营养丰富，蛋白质含量高达17.1%，脂肪含量为9.4%，矿物质含量高。初乳具有轻泻作用，能促进肠道蠕动，有利于胎粪排出和清理肠道。羔羊不吃初乳，将导致生产性能下降，死亡率增加。因此，羔羊出生后应让其及早吃足初乳，以增强免疫力，提高抗病力和成活率。

二、吃足常乳

1月龄内的羔羊多随母哺乳（彩图23），食物来源以母乳为主，若母羊乳汁充足，可使羔羊2周龄体重达到其出生重的1倍以上，羔羊表现背腰直、腿粗壮、毛光亮、精神好、眼有神、生长发育快；反之，则被毛蓬松、腹部小、背腰拱、常鸣叫等。

三、尽早补饲

对出生7~10天的羔羊，当其能够舔食草料或食槽、水槽中的饲料时，应开始训练其吃草料。早补料能刺激羔羊消化器官和消化腺的发育，促进心肺功能的完善。训练时，可在圈内安装补饲栏（仅让羔羊进出,图5-1)。羔羊自由采食,少喂勤添。待全部羔羊会吃料时再改为定时定量补料,其喂量应随羔羊日龄而调整,一般15日龄的羔羊日喂量为50~75克,30~60日龄的羔羊日喂量为100克,60~90日龄的羔羊日喂量为200克,90~120日龄的羔羊日喂量可达到250克,同时应让其自由采食优质干草。

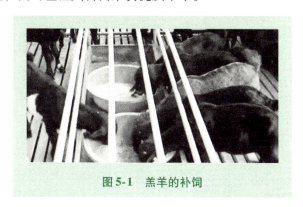

图5-1 羔羊的补饲

四、加强护理

初生羔羊体温调节机能不完善,血液中缺乏免疫抗体,肠道适应性差,抗病或抗寒能力差,故在出生1周内死亡较多。有研究发现,出生7天内死亡的羔羊数量占全部羔羊死亡数量的85%以上,对羔羊危害较大的疾病是"三炎一痢"(肺炎、肠胃炎、脐带炎和羔羊痢疾)。因此,要加强护理,搞好棚圈卫生,避免贼风侵入,保证充足的吃奶时间,以提高羔羊成活率。羔羊时期坚持做到"三早"(早喂初乳、早开食和早断奶)、"三查"(查食欲、查精神和查粪便),可有效地提高羔羊成活率。

五、羔羊寄养

羔羊出生后,若母羊死亡或母羊1胎产羔过多,应给羔羊找保姆羊。保姆羊可由产单羔但乳汁分泌量足或产后羔羊死亡的母羊担任。可将保姆羊的乳汁涂抹在寄养羔羊的臀部或尾根,或将羔羊的尿液涂抹在保姆羊的鼻端,也可于晚间将保姆羊和寄养羔羊圈在同一个栏内,经过短期熟悉,保姆羊便会给羔羊哺乳。

六、羔羊断奶

羔羊断奶多采用一次性断奶的方法,即母子分开后,不再合群,母羊在较远处放牧,羔羊留在原圈饲养,一般母子隔离4~5天可断奶成功。羔羊断奶后应按品种、性别分群。

七、公羔羊去势

公羊在育肥前需去势。公羊去势后,性情变得温顺,管理方便,容易育肥,节省饲料且肉的膻味小,去势后的公羊称为羯羊。羔羊可在出生后1~2周去势,如遇天冷或体弱的羔羊,可适当延迟。去势和断尾可同时或分别进行。去势的方法有刀切法(手术法)、去势钳法和结扎法。

【提示】

在哺乳期,最主要的工作是做好羔羊的补饲工作,以促进其消化器官的发育和瘤胃微生物区系的形成。保证断奶后的羔羊对饲料有比较高的消化利用效率,从而满足断奶羔羊对营养的需要,促进断奶羔羊迅速生长发育。

第四节 羔羊科学断奶

一、确定最佳断奶时间

目前,羔羊的断奶时间可以缩短到40~60日龄。利用羔羊在4月龄内生长速度快这一特性,将断奶后的羔羊进行强度育肥,可以充分发挥其优势,在较短时间内达到育肥的目的。

早期断奶技术能够提高母羊的繁殖潜力,缩短世代间隔,同时可以降低养殖成本,加快羔羊的生长速度。

二、早期断奶技术

1. 理论依据

(1) 母羊哺乳期泌乳规律 母羊产后1周内的乳汁称为初乳。初乳含有丰富的营养物质,并且其中含有免疫球蛋白,能够提高羔羊的抗病力；同时也含有丰富的镁盐，具有轻泻作用，有利于促进羔羊胎粪的排出。因此，必须保证羔羊出生后及早吃足初乳。产后2~4周，母羊达到泌乳高峰，此后产奶量明显下降，到9~12周后，产奶量仅能满足羔羊营养需要的5%~10%。

（2）羔羊生长发育规律 羔羊出生至3周龄为无反刍阶段，4~8周龄为过渡阶段，8周龄以后为反刍阶段。3周龄内的羔羊基本以母乳为营养来源，其消化由皱胃承担，之后羔羊开始消化植物性饲料，瘤胃开始发育。8周龄时瘤胃得到充分发育，此时羔羊能采食和消化大量植物性饲料。

2. 早期断奶方法

羔羊早期断奶技术并不是简单的早期母子分离，在实施过程中需要胎儿期的培育、产羔护理、早期补饲、防疫保健、饲养管理、饲料配合等方面的相关技术支撑。

（1）胎儿期 要获得体质健壮、发育良好的羔羊，必须从胎儿期就开始培育，使其得到充分发育，出生后才能生长强壮、发育快速，从而给早期断奶打好基础。因此，加强胎儿期的培育十分重要。

胎儿期培育一般从母羊妊娠后期开始，每天给妊娠期的母羊补饲混合日粮0.5千克。除补饲混合日粮外，还应补饲优质青干草和食盐、骨粉等。全舍饲时混合日粮一般应增加到1.0千克。以先粗后精，少喂勤添的原则给饲。

（2）初乳期 初乳含有丰富的营养物质和免疫抗体，具有独特的生物学功能，是初生羔羊不可缺少的食品。羔羊吃初乳的时间越早越好，首次哺乳最好在产羔后1小时内。第一次哺乳前，先用0.05%高锰酸钾溶液或淡盐水将母羊乳头洗干净，挤出少许乳汁弃去，再让初生羔羊进行吮乳。

（3）常乳期 常乳是母羊产羔5天后至干奶期以前所分泌的乳汁，这是一种营养完全的食品。羔羊在出生后最初的1个月内生长速度快，营养需要多，但消化能力弱，不能大量采食草料，基本上是以母乳为此时的主要食物。但是羔羊要早开食，早训练其吃草料，以促进前胃的快速生长发育，增加营养来源。

一般从10日龄起，开始训练羔羊采食青草或青干草；15日龄后训练其采食精饲料；随着羔羊日龄的增加，也逐渐增加草料喂量。羔羊出生2周后可随母羊放牧，在羊圈内要设置专用的补饲栏。

（4）过渡期 在过渡期，一方面母乳高峰期即将过去，另一方面羔羊所需要的营养越来越多，饲喂时应逐步由奶、草、料转向以草料为主、哺乳为辅，饲料要多样化，注意日粮的营养水平和全价性，将青干草、青贮饲料、多汁饲料等合理搭配使用。

三、人工哺乳技术

羔羊的人工哺乳（彩图24）是指人为地将挤出的新鲜羊奶或用奶粉配制的奶液哺育羔羊的一种方法，生产中常采用瓶喂法进行人工哺乳。瓶喂法是将奶液装入奶瓶中，奶瓶上的乳头对准羔羊嘴中，用手慢慢挤压奶瓶饲喂羔羊的方法。

1. 羔羊训练

开始人工哺乳时，羔羊不习惯用奶瓶吮乳，应进行哺乳训练。方法是将温热的羊奶灌入奶瓶中，饲养员一只手拿奶瓶，另一只手保定羔羊头部，让其嘴巴慢慢接近奶瓶上的乳头，使其慢慢学会吮乳。

2. 定时定量哺乳

在第一周内，羔羊的吃奶间隔时间多为1.5小时左右。到20日龄后，吃奶间隔时间多为4小时左右。人工哺喂初乳时，宜于羔羊出生后20~30分钟开始，1天内初乳的喂量不应超过其体重的20%，特别是第1次喂初乳时量更应少些，以免造成消化不良。6日龄后可逐渐减少哺乳次数，增加每次喂量。1月龄时喂量达到最高峰，之后减少。

3. 定温

人工哺乳时一定要掌握好奶的温度，温度高容易烫伤羔羊，或发生便秘；温度低容易造成消化不良、腹泻、臌气等。一般冬季奶温在38~39℃，夏季在35~36℃。随着羔羊日龄的增长，奶的温度可适当降低。

4. 做好卫生消毒工作

初生羔羊体质较弱，适应能力差，对疾病的抵抗能力弱，因此搞好人工哺乳过程的卫生消毒对羔羊的健康非常必要。首先，喂养人员在喂奶前要洗净双手，尽量减少或避免接触致病因素。发现病羔及时隔离，专人管理。其次，羔羊喂奶、饮水、补饲等都要注意卫生。喂前奶应煮沸，喂奶器应严格消毒。奶瓶应保持清洁卫生，喂完后随即冲洗干净。喂完病羔的奶瓶要用高锰酸钾溶液或其他消毒液消毒，再用水冲洗干净。喂奶后要用清洁的毛巾擦净羔羊嘴角上的残余乳汁，以防因羔羊互相舔食引发疾病。

第五节　加强育成羊的饲养管理

育成羊是指羔羊断奶后到第一次配种时期的公、母羊（多在4～18月龄），其特点是生长发育较快、营养物质需要量大。如果此时营养不良，就会显著地影响到羊的生长发育，从而形成个头小、体重轻、四肢高、胸窄、躯干浅的体形。同时还会使羊体质变弱、被毛稀疏且品质不良、性成熟和体成熟推迟、不能按时配种，而且会影响其一生的生产性能，甚至失去种用价值。可以说育成羊是羊群的未来，其培育质量是能否形成羊群良好面貌的关键。

一、育成羊的生长发育特点

1. 生长发育速度快

育成羊全身各系统均处于旺盛的生长发育阶段，与骨骼生长发育关系密切的部位仍然继续增长，体高、体长、胸宽、胸深增长迅速，头、腿、骨骼、肌肉发育也很快，体形发生明显的变化。

2. 瘤胃的发育更为迅速

6月龄的育成羊，瘤胃容积增大，占胃总容积的75%以上，接近成年羊的容积比。

3. 生殖器官的变化

一般育成母羊在6月龄以后即可表现出正常的发情，卵巢上出现成熟卵泡，达到性成熟。育成公羊具有产生正常精子的能力。育成羊在8月龄左右接近体成熟，可以配种。育成羊开始配种时的体重应达到成年体重的70%。

二、育成羊的饲养

1. 适当的精料水平

育成羊阶段需注意精料饲喂量，有优良豆科干草时，日粮中精料

的粗蛋白质含量应提高到15%或16%，混合精料中的能量水平应占日粮总能量的70%左右。混合精料日喂量以0.4千克为好，同时还要注意矿物质如钙、磷和食盐的补给。育成公羊的生长发育速度比育成母羊快，所以精料需要量多于育成母羊。

2. 合理的饲喂方法与饲养方式

饲料类型对育成羊的体形变化和生长发育影响很大。优良的干草、充足的运动是培育育成羊的关键。给育成羊饲喂大量优质干草，不仅有利于消化器官的充分发育，而且可使育成羊体格高大，乳房发育明显，产奶多。充足的阳光照射和充分的运动可使其体壮胸宽、心肺发达、食欲旺盛。

三、育成羊的管理

1. 合理分群

断奶以后，将羔羊按性别、体格大小、强弱分群，加强补饲，按饲养标准采取不同的饲养方案。同时，按月抽测体重，根据增重情况调整饲养方案。断奶羔羊在组群放牧后，仍需继续补喂精料，补饲量要根据牧草情况决定。

2. 选种

选择合适的育成羊留作种用是羊群质量提高的基础和重要手段。生产中经常在育成期对羊只进行挑选，把品种特性优良的、高产的、种用价值高的公羊和母羊选出来留作种用，不符合要求的公、母羊则转为商品生产使用。生产中常用的选种方法多是根据羊本身的体形外貌、生产成绩进行选择，辅以系谱审查和后裔测定。

3. 适时配种

一般育成母羊在8~10月龄，体重达到40千克或达到成年体重的70%左右时配种。育成母羊的发情不如成年母羊明显和规律。因此要加强发情鉴定，以免漏配。育成公羊必须在12月龄以后、体重达60千克以上时再进行配种。

第六章
加强肉羊饲养,向品质要效益

第一节　肉羊生产中的误区

一、饲养观念中的误区

1. 误以为舍饲就是简单的圈养

羊是草食家畜,在草地上采食牧草是其本能。但由于环保要求或出于某种需要(生产肥羔肉),人们将羊圈起来养,羊的采食方式由主动选择变成被动采食,食物来源是有限的饲料,活动场地受到严重限制。这些限制完全背离了肉羊的基本的生理特点,其繁殖力、生产力、生活力会出现障碍或停滞。所以若不是出于某种特殊需要就不要舍饲。如果选择了舍饲,就要投入更多的人力、物力,根据羊的基本生理需要,创造适宜的生活环境,给予科学饲养管理,提高养羊效益。

2. 误以为放牧不用补饲

有些人认为,山羊需要放牧,牧草是其唯一的食物来源,不管草地上的可利用牧草资源多么贫乏,一年四季都要把羊赶到草地上啃食,致使羊"冬乏春死"成为一种长期存在的现象。事实上,草食动物只有在生长良好的草地上放牧,才可以满足其营养需要。在冬春枯草季节,不论是公羊还是母羊,仅靠采食天然草地上的牧草难以满足维持或生长的需要,而且还会因行走运动消耗大量的能量。因此,以放牧为主的羊群,在冬春两季必须补充一定量的优质青干草和精饲料。

3. 饲料营养供给不好

肉羊天生具有对特定饲料的喜好和厌恶,但肉羊的许多行为习性都会随着环境条件的变化而变化，即具有较大的可塑性。如长期放牧的羊，经过一段时间的舍饲后，再回到草场上就不会啃食牧草，需要1~2周的训练才能恢复。另外，在饲喂青贮饲料的初期，羊都不愿意采食，但经过1~2周的诱导训练可逐渐适应而不再拒绝。但羊对饲料的选择能力是非常有限的，特别是在舍饲条件下只能是喂什么羊就吃什么，在饥饿无助或严重缺乏某种营养素的条件下，羊会强迫自己采食并不喜欢的食物或异物。此外，硒、碘、锌、钴、锰等微量元素添加剂对补充营养、预防疾病、保障羊肉产品质量作用很大，不仅有利于羊的正常生长、繁殖，还可节省饲料，降低成本，提高养殖效益，因此应注意及时补充。

二、管理中存在的误区

1. 羊只混养，管理粗放

受传统放牧养羊习惯的影响，养殖户总是把不同年龄、品种、性别和体况的羊混养，这样很难满足不同个体的生长和生产需要，最终造成公羊和母羊乱交乱配、小羊长不大、弱羊长不壮、病羊治愈慢等严重后果；尤其是公羊和母羊乱交乱配极易形成近血缘交配，最终产下畸形胎和死胎，降低养羊效益。不少养殖户对肉羊管理粗放，要么把羊拴在秸秆垛旁边任其采食，要么把未经处理的饲草和秸秆直接扔进羊圈，有时候还忽略提供饮水。另外，如果长期不清扫羊圈，饲养环境恶劣，一旦羊抵抗力降低，羊群极易发病。

2. 饲养密度过大

羊一天中要用较长的时间采食饲草，进行反刍。所以，圈舍中要保持有足够的槽位、活动空间和休息场地。在生产中，一些养殖场为了降低基建成本，羊舍面积小，饲养羊只数量多，饲养密度过大，羊只拥挤，相互争夺槽位，极易引起羊只营养不良、生长发育受阻、外伤等不良后果。

3. 选择的育肥方式不适宜

育肥方式影响育肥效果，选择的育肥方式不适宜，会导致生产效益差。羊的育肥方式虽然多，但在不同条件下要选择不同的方式，只有选择符合当地实际条件的方式，才能取得较好的效益。例如，在资源丰富且饲草品质优良的牧区，可利用青草期牧草茂盛、营养丰富和羊增膘速度快的特点进行放牧育肥；在缺乏放牧地而农作物秸秆和粮食饲料资源丰富的农区，则可开展舍饲育肥，按市场需要进行规模化、工厂化生产。

4. 误以为羊不需免疫、驱虫

放牧的肉羊，由于接触牧草和地面，特别是在河边、沟边放牧时，常会感染多种寄生虫，如各种线虫、疥螨等；症状较轻时，饲料转化率下降，羊只瘦弱，增重缓慢，症状严重时往往体重锐减，甚至死亡。由于部分养殖户不进行免疫注射和驱虫防病，使一些地方的羊的传染病呈散发或地方流行性，肉羊死亡率高，经济效益低下。因此，养殖户要根据当地传染病发生的情况，选用相应的疫苗及驱虫药，在适宜的季节进行预防接种、驱虫。常用疫苗有羊三联四防灭活疫苗、羊痘活疫苗等；常用驱虫药物有阿维菌素、阿苯达唑、敌百虫等。

5. 不适时出栏

有的养殖户认为羊越大卖钱越多，获利越多。其实，羊长到40千克后就生长缓慢，增重率降低，饲料转化率也下降，继续饲喂费料费工，经济效益不升反降。因此，肉羊饲养到5~6个月，体重达到35~40千克时即可出栏。

第二节　肉羊的生长发育规律

一、体重增长规律

生产上一般以初生重、断奶重、屠宰活重和平均日增重反映羊的体重增长及发育状况。体重增长受遗传基础和饲养管理两方面因素的影响，增重为高遗传力性状，是选种的主要指标之一。

1. 胎儿期（妊娠期）

在妊娠初期，即母羊妊娠的前2个月，胎儿生长发育缓慢，2个月以后逐渐加快。维持生命活动的重要器官如头部、四肢等的发育较早，而肌肉、脂肪发育较迟。羔羊的初生重与断奶重呈正相关，因此在妊娠后期应供给母羊充足的养分。

2. 哺乳期（出生至断奶）

哺乳期羔羊的体重是成年羊体重的28%左右，此时是羊生长发育的重要阶段，也是定向培育的关键时期。此阶段增重的顺序是内脏→骨骼→肌肉→脂肪，体重随年龄的增长而迅速增长。羊从初生重为3千克左右，增长到断奶重达9千克左右。

3. 幼年期（断奶至配种前）

幼年期羔羊的体重是成年羊体重的70%左右。在这一阶段，性发育已趋于成熟，但仍是羊增重最快的阶段，日增重为180克左右。增重的顺序为生殖系统→内脏→肌肉→骨骼→脂肪。

4. 青年期（12~24月龄）

青年羊的体重是成年羊体重的85%左右。在这个时期，羊的生长发育接近成熟，体形基本定型，生殖器官已发育完善，绝对增重达到高峰，随后增重变缓。增重的顺序是肌肉→脂肪→骨骼→生殖器官→内脏。

5. 成年期（24月龄至6岁）

在这一阶段的前期，羊的体重还会缓慢上升，48月龄后羊体重增长基本停滞。此时增重的主要是脂肪。

二、体组织的生长发育规律

1. 骨骼的生长发育规律

羊在出生后体形及身体各部位的比例都会发生很大的变化。这种变化主要是由躯体各部位骨骼的生长变化引起的。胚胎期生长速度最快的骨骼是四肢骨，主轴骨生长较慢；出生以后则相反，主轴骨生长加快，四肢骨生长缓慢。就体躯而言，出生前头和四肢发育快，体躯较短而浅，腿部发育差；出生后首先是体高和体长增加，其后是体躯深度和宽度增加，两者生长有规律地更替。刚出生的羔羊骨骼已经能够负担整个体重，四肢的相对长度高于成年羊，以保证能适应母羊哺乳。

2. 肌肉的生长发育规律

肌肉的生长主要是肌纤维体积增大、直径变粗。因此，随着羔羊年龄增大，肉质的纹理也会变粗。初生羔羊肌肉生长速度快于骨骼，体重逐渐增加。

3. 脂肪的沉积规律

脂肪在羊体组织生长过程中的作用主要是保持关节的润滑、保护神经和血管及储存能量。从出生到 12 月龄，脂肪沉积缓慢，但仍稍快于骨骼，12 月龄以后脂肪沉积逐渐加快。其中，肠系膜脂肪首先沉积，其次是沉积肌间脂肪和皮下脂肪，最后沉积肌内脂肪，使肉质变嫩，并呈现出一定的风味。

三、组织器官的生长发育规律

羊的组织器官生长发育也具有不均衡性，不同组织器官的生长速度是不同的。皮肤和肌肉无论在胚胎期还是出生后，生长强度都占优势；而脂肪组织在生长后期才加快生长。脂肪沉积的部位也随年龄不同而有所区别，一般先储存在内脏器官附近，其次在肌肉之间，继而在皮下，最后才储存于肌肉纤维中，形成肌肉的大理石纹。

羊的各器官生长发育的迟早和快慢，主要取决于该器官的来源及其形成时间。在个体发育中出现较早而结束较晚的器官，生长发育较缓慢，如脑和神经系统；相反，凡出现较晚的器官，它们的生长发育则较快，结束也较早，如生殖器官。

四、补偿生长发育规律

羊遭受长时间的营养限制后解除营养限制，饲喂营养丰富的饲料，生长速度要比未遭受营养限制的同龄羊或同体重的羊快，此现象称为补偿生长。在生产实践中，营养限制有 2 种情况：一是由于客观条件所限，如冬季草料不足及长期缺乏优质饲草而引起的营养限制；二是在条件许可的育肥场，在羔羊阶段进行限制性生长，以降低饲养成本，并在以后让羊获得补偿生长。但值得注意的是，羊在生命早期（如胎儿期、哺乳期）遭受营养限制后，则难以进行补偿生长。

五、体组织的化学组成

羊体组织的常规化学成分主要有水、蛋白质、脂肪等。各成分的相对含量与羊的生长阶段、育肥程度有关。羔羊比老龄羊体组织的含水量高、脂肪含量低；较肥的羊脂肪含量高，蛋白质和水分含量低。

肌肉中同样含有水分、蛋白质和脂肪，但脂肪含量较低。肌肉中脂肪的含量与皮下脂肪、肠系膜脂肪和腹脂肪含量呈正相关。

第三节 提高肉羊生长速度与瘦肉率的主要途径

一、选择合适的饲养标准和育肥日粮

由于肉羊的品种类型、年龄、体重、膘情、健康状况不同,所以首先要根据肉羊生长状况及计划日增重指标确定合适的育肥日粮标准。例如,同是体重为30千克的羔羊,由于其父本品种不同,则需要提供不同能量和蛋白质水平的日粮;小型品种的羊在育肥时需要稍低的蛋白质水平和较高的增重净能,大型品种的羔羊则与之相反;对断奶早和正常断奶的羔羊也需要提供不同营养水平的日粮;刚断奶的4月龄羔羊应比7月龄羔羊的饲养水平要高些。

育肥日粮的组成应就地取材,同时在搭配上要做到多样化。其中,精料用量可以占到日粮总量的45%~60%。一般来讲,能量饲料是决定日粮成本的主要饲料,应以就地生产、就地取材为原则。配制日粮时应先计算粗饲料的能量水平满足日粮能量的程度,不足部分再由精料补充调整;日粮中蛋白质含量不足时,要首先考虑饼粕类植物性高蛋白质饲料;正常断奶羔羊和成年羊育肥日粮中也可添加适量的非蛋白氮饲料。

二、选择合适的育肥方法

1. 放牧育肥

放牧育肥(彩图25)是最经济、应用最为普遍的一种育肥方法。放牧育肥是利用天然草场、人工草场或秋茬地放牧,羊采食的青绿饲料种类多,易获得全价营养,能满足羊生长发育的需要和达到放牧抓膘的目的。

由于放牧增加了羊的运动量,并且羊能接受阳光中紫外线照射和各种天气变化的锻炼,有利于羊的生长发育和健康。其优点是成本低和经济效益相对较高,缺点是常常受到天气和草场等多种不稳定因素变化的干扰和影响,造成育肥效果不稳定和不理想。

放牧育肥前,把准备育肥的羊,按年龄、体格大小、性别、体况分群,进行放牧育肥的准备。育肥前,先将不作种用的公羔及淘汰公羊去势，同时要完成驱虫、药浴和修蹄工作。育肥一般在 8~10 月进行，此时牧草生长茂盛，开始开花结籽，营养丰富，气温适宜，羊只育肥效果好。一般放牧育肥 60~120 天，有条件的给予精料适当补饲，成年肉羊可增重 20%~40%，羔羊体重可成倍增长。

2. 舍饲育肥

舍饲育肥（彩图 26）是根据羊育肥前的状态，按照饲养标准和饲料营养价值配制羊的日粮，并完全在舍内饲喂的一种育肥方式。与放牧育肥相比，在相同月龄屠宰的羔羊，舍饲育肥的活重可提高 10%，胴体重提高 20%，故舍饲育肥效果好，能让羊提前上市。在市场需求旺盛的情况下，舍饲育肥可确保育肥羊在 30~60 天的育肥期内迅速达到上市标准，育肥期短。此方式适于饲草饲料丰富的农区采用。现代舍饲育肥方法主要用于羔羊生产，人工控制羊舍小气候，采用全价配合饲料，让羊自由采食、饮水，是我国农区充分、合理、科学有效地利用退耕种草优势及农作物秸秆和农副产品加工下脚料的一条好途径，是优化农业产业结构、增加农民收入的有效措施。

舍饲育肥羊的来源应以羔羊为主，其次来源于放牧育肥的羊群。如在雨季来临或旱年牧草生长不良时，放牧育肥羊可转入舍饲育肥；当年羔羊放牧育肥一段时期后，估计入冬前达不到上市标准的部分羊，也可转入舍饲育肥。

舍饲育肥羊日粮中的精料含量可以占到日粮的 45%~60%，随着精料比例的增高，育肥强度增大。加大精料喂量时，必须预防过量食用精料引起的肠毒血症和钙磷比例失调引起的尿结石症等。防止肠毒血症主要靠注射疫苗；防止尿结石，可以在以各类饲料和棉籽饼为主的日粮中将钙含量提高到 0.5% 的水平或加 0.25% 的氯化铵，避免日粮中钙磷比例失调。

育肥圈舍要保持干燥、通风、安静和卫生，育肥期不宜过长，羊达到上市要求即可出栏。舍饲育肥通常需 75~100 天，时间过短，育肥增重效果不显著；时间过长，饲料转化率低，育肥经济效益不理想。在良好的饲养条件下，羊在育肥期一般可增重 10~15 千克。

3. 混合育肥

混合育肥有 2 种情况：一是在秋末冬初牧草枯萎后，对放牧育肥后膘情仍不理想的羊补饲精料、延长育肥时间，短期强化育肥 30～40 天，使其达到屠宰标准，提高胴体重和羊肉质量；二是由于草场质量或放牧条件差，仅靠放牧不能满足羊快速增长的营养需要时，在放牧的同时，给育肥羊补饲一定数量的混合精料和优质青干草。

混合育肥较放牧育肥可缩短羊肉生产周期，增加肉羊出栏量和出肉量。秋末冬初的短期强化育肥适用于生长强度较小及增重速度较慢的羔羊和周岁羊，育肥耗时较长，不符合现代肉羊短期快速育肥的要求；在放牧的同时补饲适用于生长强度较大和增重速度较快的羔羊，可以按要求实现强度直线育肥。

混合育肥时，如果仅补草，应安排在归牧后；如果草、料都补，则可在出牧前补料，归牧后补草。精料每天每只喂量为 250～500 克，粗饲料不限，让羊自由采食，每天饮水 2～3 次。为使日粮满足育肥羊的饲养标准要求，每千克日粮中应含干物质 0.87 千克，消化能 13.5 兆焦，粗蛋白质含量在 12%～14%，可消化蛋白质 106 克。与单纯依靠放牧育肥的羊相比，混合育肥可使羊在整个育肥期内的增重提高 50% 左右，而且所生产的羊肉的味道也较好。因此，只要有一定的补饲条件，还是采用混合育肥方式效果更好。

比较上述 3 种育肥方式，舍饲育肥的增重效果一般高于混合育肥和放牧育肥。从单只羊的经济效益分析，混合育肥、放牧育肥的经济效益高于舍饲育肥，但从大规模集约化羔羊育肥的角度讲，舍饲育肥的生产效率及经济效益比混合育肥和放牧育肥高。

三、创造适宜的环境条件

1. 控制适宜的温度

温度是影响羊生产性能发挥的重要环境条件。温度过低或过高，都会使产肉水平下降，育肥成本提高，甚至使羊的健康和生命受到影响。如冬季温度过低，羊吃进去的饲料全被用于维持体温，没有生长发育的余力，有的反而掉膘，造成"一年养羊半年长"的现象，温度过低还会造成羊严重冻伤。温度过高超过一定限度时，羊的采食量随之下降，甚至停止采食，饮水增加，喘息，造成羊只掉膘或中暑。

羊生长的适宜温度取决于品种、年龄、生理阶段及饲料条件等多种因素。一般育肥羊适宜的温度是 14～22℃。要做好夏季的防暑降温和冬季的防寒保暖工作，避免温度过高或过低对羊的不良影响。

2. 控制适宜的湿度

空气相对湿度的大小，直接影响羊体热的散发。在一般温度条件下，空气湿度对羊的体热调节没有影响，但在高温、高湿的环境中，羊体散热更加困难，甚至受到抑制，往往会引起羊体温升高，皮肤充血，呼吸困难，甚至造成羊机体失调，最后中暑而死。在低温、高湿的条件下，羊易患感冒、神经痛、关节炎等各种疾病。潮湿的环境还有利于微生物的繁殖，使羊易患疥癣、湿疹及腐蹄病等。对羊来说，较干燥的空气环境对健康有利，应尽量避免在高湿的环境中养羊。

对于山羊来讲，适宜的相对湿度为50%～60%。

3. 控制羊舍内的光照

光照是影响羊舍环境的重要因素，对羊的生理机能具有重要的调节作用，不仅影响羊的健康与生产力（如繁殖和育肥），也影响管理人员的工作条件。首先，光照的连续时间影响羊的生长和育肥。据贾志海试验，对绒山羊分别给予16小时光照、8小时黑暗（长光照制度）和16小时黑暗、8小时光照（短光照制度），在采食相同日粮的情况下，短光照组山羊体重增长速度高于长光照组，公羊体重增长高于母羊。其次，光照的强度对育肥也有影响，如适当降低光照强度，可使增重提高3%～5%，饲料转化率提高4%。

生产中，通常采用自然光照与人工照明相结合的方式来控制舍内的光照时间和强度。

4. 保证羊舍内的空气质量

为保证羊舍内维持适宜的气流速度，便于排出羊舍内的污浊空气，引入新鲜空气，要对羊舍进行适量的通风。气温高时，还可以加大气流，使羊感到舒服，缓和高温的不良影响。在一般情况下，气流对羊的生长发育和繁殖没有直接影响，而是通过加速羊只体内水分的蒸发和热量的散失，间接影响羊的能量代谢和水分调节。在炎热的夏季，气流有利于对流散热和蒸发散热，因而对羊育肥有良好的作用，因此，在天气炎热时，应适当提高羊舍内的空气流动速度，加大通风量，必要时可辅以机械通风。在寒冷的环境中，气流使羊能量消耗增多，进而影响育肥速度。不过，即使在寒冷季节，羊舍内仍应保持适当的通风，这样可使空气的湿度、温度均匀一致，有利于将污浊气体排至舍外。

羊的呼吸、羊的排泄物和生产过程中的有机物分解，易造成羊舍内有害气体含量较高，可以直接或间接引起羊群发病或生产性能下降，影响羊群安全和产品安全。羊舍内的有害气体主要有氨气、硫化氢、二氧化碳和一氧化碳。为了排出这些有害气体，不管是炎热的夏季还是寒冷的冬季，都应进行适量的通风，以保证羊舍内空气新鲜。

四、合理使用添加剂

1. 复合饲料添加剂

复合饲料添加剂是由微量元素（铁、铜、锰、锌、硒）、瘤胃代谢调节剂、生长促进剂等组成，适用于当年羔羊及淘汰公羊、老弱成年羊育肥。据试验，放牧羊补喂混合精料育肥90天，平均日增重达137克，能显著提高育肥效果及经济效益。具体用法为每只羊每天使用本品2.5~3.3克，均匀混于混合精料中饲喂。

2. 瘤胃素

瘤胃素又名莫能菌素钠，是由不同链霉菌株产生的一类特殊抗生素。其作用是减少瘤胃中甲烷的产生，增加瘤胃蛋白质数量，控制和提高瘤胃发酵效率，从而提高羊的增重速度及饲料转化率。可以将瘤胃素均匀拌入饲料饲喂，每千克日粮添加瘤胃素25~30毫克，用量要先少后多或根据日粮组成适当调整。

3. 尿素

羊可以利用非蛋白氮中的氮元素。尿素属于非蛋白氮的一种，可以用于补充饲料中蛋白质不足。使用时可将尿素按1.5%~2.0%的比例拌入精料，每天饲喂的数量占羊体重的0.02%~0.03%，即成年母羊日喂量在10克左右，6月龄以上青年羊日喂量为6~8克。首次饲喂时喂量只能按规定量的10%喂给，然后逐渐增加，10~15天后达到规定量。为防止尿素中毒，尿素不可单独饲喂，也不可溶于水中饮用，且喂后60分钟内不要饮水。病羊、弱羊少喂或不喂，一旦发现中毒羊只，用0.5%的食醋200~500毫升或1~2千克酸奶灌服即可解救。

4. 中草药添加剂

中草药添加剂含有多种微量营养成分和免疫活性因子，且富含动物生长发育必需的氨基酸、维生素及微量元素，能增强机体新陈代谢，促进蛋白质的合成，具有促进动物生长发育、防治疾病、增强机体抵抗力、提高饲料转化率及使用安全经济实惠等特点，而且低毒、无副作用、无残留，目前在畜牧生产中的应用越来越广泛。对山羊而言，无须分离提纯天然的中草药，仅需进行合理组方和科学使用，便能发挥其营养和药理的综合效应。

5. 磷酸脲

其商品名有牛羊乐、牛羊壮等。磷酸脲可为反刍动物补充氮和磷，是一种新型的非蛋白氮饲料，能促进羊的生理代谢，增强对氮、磷、钙的吸收。与尿素相比，磷酸脲在瘤胃中的水解速度明显降低，使用时安全性更高。据试验，对平均体重为 14.5 千克的育成羊，每天每只添加 10 克磷酸脲，平均日增重可提高 26.7%。

6. 杆菌肽锌

杆菌肽是由芽孢杆菌产生的多肽类抗生素，制成锌盐（杆菌肽锌）可以保持其干燥状态下的稳定性。杆菌肽锌为浅黄色至浅棕黄色的粉末，无臭，味苦，稳定性好，在室温下保存 3 年效价不变。混于饲料中在室温下保存 8 周后，效价仍可达到 90%。羔羊用量为每千克混合料中添加本品 10~20 毫克，混合均匀后饲喂。

杆菌肽锌对革兰阳性菌有强大的抵抗力，对革兰阴性菌、螺旋体、放线菌也有效，且无药物残留，毒性低；对畜禽有促生长作用，有利于养分在肠道内的消化吸收，可改善饲料转化率，提高增重效果。

7. 缓冲剂

常用的缓冲剂有碳酸氢钠和氧化镁。添加缓冲剂的目的是改善瘤胃内环境，有利于微生物的生长繁殖，减缓饲料营养成分的降解速度。羊强度育肥时，饲喂精料量增多，粗饲料减少，瘤胃内会形成过多的酸性物质，影响羊的食欲，并使瘤胃微生物区系被抑制，减弱羊对饲料的消化能力。添加缓冲剂可增加瘤胃内碱性物质的蓄积量，中和酸性物质，促进食欲，提高饲料的转化率和羊的增重速度。

碳酸氢钠的添加量为日粮干物质含量的0.7%~1.0%，氧化镁的添加量为日粮干物质含量的0.03%~0.05%。添加缓冲剂时应由少到多，使羊有一个适应过程。碳酸氢钠和氧化镁同时添加，效果更好。

8. 酶制剂

酶是活体细胞产生的具有特殊催化能力的蛋白质，是一种生物催化剂，对饲料养分消化起重要作用。它们可促进蛋白质、脂肪、淀粉和纤维素的水解，提高饲料转化率，促进动物生长。如在饲料中添加纤维素酶，可提高羊对纤维素的分解能力，使纤维素得到充分利用。

【提示】

育肥前的准备工作有以下3项：

1) 品种选择。选择好的品种，最好是二元或三元杂交的个体。

2) 合理分群。根据羊的年龄、性别、体重、强弱等进行分群。

3) 进行驱虫。对所有参与育肥的羊只进行1次驱虫，驱除体内、体外寄生虫。

第四节　确保肉羊适时出栏的方法

一、影响肉羊出栏的主要因素

1. 品种与类型

不同品种的肉羊增重的遗传潜力不一样。在相同的饲养管理条件下，优良品种可以获得较好的育肥效果。最适宜育肥的肉羊品种应具早熟性好、体重大、生长速度快、繁殖率高、肉用性能好、抗病力强等特征。肉用山羊品种如波尔山羊及其改良羊的育肥效果通常好于本地山羊品种。杂种羊的生长速度、饲料转化率往往超过双亲品种，因此杂种羊的育肥效果最好。小型早熟羊相比大型晚熟羊、肉用羊相比乳用羊及其他类型的羊，能更早地结束生长期，及早进入育肥阶段。饲养这类羊不仅能提高出栏率，节约饲养成本，而且还能获得较高的屠宰率、净肉率和良好的商品品质。

2. 年龄与性别

肉羊在 8 月龄前的生长速度较快,尤其是在断奶前和 5~6 月龄时生长速度最快。10 月龄以后生长逐渐减缓。因此,当年羔羊当年屠宰比较经济。如果继续饲养,肉羊的生长速度明显减缓,而且胴体的脂肪比例上升,肉质下降,养殖效益越来越差。

羊的性别也影响其育肥效果。一般来说,羔羊育肥速度最快的是公羊,其次是羯羊,最后为母羊。阉割会影响羊的生长速度,但可使脂肪沉积率增强。母羊(尤其是成年母羊)易长脂肪。

3. 饲养管理水平

饲养管理是影响育肥效果的重要因素。良好的饲养管理条件不仅可以增加肉羊的产肉量,还可以改善肉质。

(1)营养水平 同一品种的羊在不同营养水平条件下饲养,其日增重会有一定的差异。在高营养水平条件下育肥时,肉羊日增重可达 300 克以上;而在低营养水平条件下,羊的日增重可能还不到 100 克。

(2)饲料类型 以饲喂青粗饲料为主的肉羊与以饲喂谷物等精料为主的肉羊比较,不仅肉羊日增重不一样,而且胴体品质也有较大差异。前者胴体肌肉所占比例高于后者,而脂肪比例则远低于后者。

4. 季节

羊最适宜生长的温度为 20~25℃,最适宜生长的季节为春季和秋季。天气太热或太冷都不利于羔羊育肥。气温高于 30℃时,山羊自身代谢快,饲料转化率低。

5. 疾病

疾病会影响肉羊的育肥效果。如发生消化道疾病时,在治疗期间会严重影响肉羊的生长发育,治愈后肉羊也需要一定的时间来恢复到正常的生长发育状态。

二、确定肉羊出栏时间的几种方法

1. 根据年龄出栏

肉羊出生后,生长速度快,至 6~8 月龄时,其饲料转化率、日增重均较前期有所降低,并且沉积脂肪的能力增强。因此,生产中为了保证经济效益,6~8 月龄的肉羊即可出栏。

2. 根据体重出栏

根据肉羊体重的增长规律，20千克时肉羊生长迅速，饲料转化率、日增重都处在比较高的水平。但是随着体重的增加，当体重达到30千克左右时，其生长速度减慢，饲料转化率、日增重也降低。因此，当肉羊的体重达到30千克左右时就可以出栏。

第五节　山羊的日常管理技术

一、编号和去势

1. 编号

为了便于管理和识别，需要给羊进行编号。编号在育种和生产等方面有十分重要的意义，是一个不可缺少的技术环节。编号有利于识别羊的血统，记录其生长发育状况，检查生产性能等。

（1）耳标法　目前羊的编号主要采取耳标形式对羊进行标记。耳标用铝片或塑料制成，用来记载羊的个体号、品种符号及出生年份。耳标形状有长方形和圆形等，都要固定在羊的耳朵上，用红、黄、蓝3种颜色代表羊的等级。

耳标（彩图27）的第1个号数是年份，取该羊出生年份的最末1个数字，之后是羊的个体号数。为了区分性别，公羊的最后1位用单数表示，母羊用双数表示，每年从1和2重新编起。如需标注品种符号，则在年份编号前用该品种名称汉语拼音的第一个字母（大写）表示，如辽宁绒山羊用"L"代表；波尔山羊用"B"代表。如B8012，即是指2018年出生的第6只波尔山羊母羊。如果是杂交羊，可选用父本和母本品种名称汉语拼音的第一个字母（大写）来代表其品种名称。

给羊戴耳标时，先将羊的编号烫印或书写在耳标上，然后对羊的左耳基部用碘酊消毒，再用耳标钳（彩图28）在无血管处打孔（彩图29），之后将打好号码的耳标穿过圆孔，固定在羊耳上。耳标上的号码字迹要清晰工整，能够长久保存。若耳标丢失要及时补标，以便于资料记载、统计育种和生产管理。

（2）剪耳法　剪耳法就是用特制的缺口剪在羊的双耳上剪出缺

口作为羊的个体号。其规定是：左耳作个位数，右耳作十位数；左耳的上缘剪1个缺口代表3，下缘1个缺口代表1，耳尖1个缺口代表100，耳中间的1个圆孔为400；右耳上缘1个缺口为30，下缘1个缺口为10、耳尖1个缺口为200，耳中间的1个圆孔为800。此法在生产中已不常用。

2. 去势

为了提高羊群的品质，提高产肉性能，且便于管理，对于不适合留作种用的小公羊或留种后不能正常配种的公羊均应去势（也叫阉割），目的是防止杂交乱配，影响羊群的品质。去势后的公羊性情会变得温顺，管理更方便，节省人力和饲料，而且容易育肥，生长速度加快，肉膻味儿小，肉质细嫩，价格较高，提高了养羊的经济效益。

去势一般在羔羊出生后的10日龄以内或1～2月龄进行。天气寒冷或羔羊虚弱时，去势的时间可以适当推迟。去势最好在春季或秋季进行，对淘汰成年羊也可随时进行。去势方法有结扎法、刀切法等。

（1）结扎法 结扎法非常简单，多用于羔羊。在公羔出生后到10日龄之间，将睾丸挤到阴囊的底部，用大号的止血钳夹住阴囊的颈部，然后在止血钳上方再用橡皮筋或尼龙绳等紧紧地结扎阴囊基部（上部），扎紧系牢，打结固定，然后取掉止血钳即可。这样可使羊阴囊、睾丸血液循环受阻，阻断血液流向阴囊和睾丸。经过10～15天，结扎以下的部位会自行干枯、脱落。这种方法不出血，简单易行，还可以防止羔羊感染破伤风，但对羔羊刺激时间较长，对生长较为不利，采用此法时还应注意检查结扎部位是否发炎。

（2）刀切法 刀切法一般用于1～2月龄的羔羊或成年公羊。

1）要求。如果选用刀切法去势，羊群中如果有传染病流行时不应手术。该地区如果发生过破伤风，在用刀切法去势前应给羊注射破伤风抗毒素或类毒素。对于体弱有病的羔羊，如长期腹泻、缺奶、营养不良、体质衰弱等，暂不手术。在去势前应禁食半天，把需要去势的羊只集中在一个小圈中，少量饮水，准备好场地、药品、器械等。器械要严格消毒。

2）保定方法。根据羊的年龄、体重和手术方法，可选用下列适宜的保定方法。

① 抱起保定：适用于小公羔的去势。助手抱起羊坐在凳子上，使羊背部朝向保定者，腹部朝向手术者，用两手分别握住同侧的前肢和后肢。

② 倒提保定：适用于中、小公羊。助手用两手分别将羊的两后肢提起，同时骑在羊的颈部，用两腿夹住羊体。

③ 倒卧保定：适用于成年公羊的去势。助手站在羊的左侧，弯腰，两手经过羊的背部伸到其腹下，分别握住并提举羊左前肢和左后肢，把羊放倒在地上，使羊呈左侧卧姿势，再握住羊的两前肢和后肢。

3）手术过程。由一人保定好公羔羊的四肢，腹部向外露出阴囊，另一人（术者）将羊的阴囊洗干净，用5%碘酊消毒，再用酒精脱碘后，用左手将睾丸紧紧握住挤在阴囊里，右手在阴囊的下1/3处纵切（也可以用横切法或横断法）出一个小切口（口长以刚能挤出睾丸为度），将睾丸挤出，再通过此切口通过阴囊中隔摘除另一个睾丸。然后拧转睾丸以防精索出血，拉断血管和精索，若精索出血则可以用结扎、烧烙、捻转或挫切（刮挫）法除去睾丸。对伤口撒布消炎粉，再用碘酊消毒即可。为防止破伤风，手术完成后可以肌内注射破伤风抗毒素3000国际单位。

二、药浴和驱虫

寄生虫病是羊5大类疾病（传染病、寄生虫病、内科病、外科病、中毒病）之一。为了保证羊只身体健康，保持较高的生产性能，定期对羊进行药浴（体外驱虫）、驱虫（驱除体内寄生虫）十分必要。

1. 药浴

药浴就是用杀虫药液对羊只体表的寄生虫进行驱杀。目的是防治羊体表常见的寄生虫病，如蜱、螨、虱等疾病的发生。各地药浴时间是不一致的，北方地区都是在春季天气渐转暖的时候进行。大多是在羊剪毛或山羊梳绒后10～15天，对全群羊进行1次药浴；也可以进行2次，即在第1次药浴的7～14天后重复药浴1次。药浴时应选择晴朗天气，药浴前停止放牧半天，并给羊充足的饮水。药浴可以使用喷雾器，也可以用药浴池等。

(1) 使用的药液

药浴使用的药液有 1% 敌百虫溶液、25% 二嗪农溶液、辛硫酸浇泼溶液等，也可以使用下列药剂。

1）硫黄末 12.5 千克、新鲜石灰 7.5 千克，加热水 500 千克制成药液。

2）20% 双甲脒乳油，稀释 500~600 倍。

(2) 使用方法 药浴的具体方法有喷浴法和浸浴法等。

1）喷浴法（淋浴）。用喷雾器等将配好的药液直接喷到羊只的体表，喷透即可。

2）浸浴法（池浴）。供羊药浴的药浴池（彩图 30）一般用水泥筑成，形状为长方形的沟状。池深约 1 米，长 10 米，底部宽 30~60 厘米，上部宽 60~100 厘米，以一只羊能通过但是不能转身为度。药浴池入口一端呈陡坡，在出口端筑成台阶便于羊只行走。在入口一端设有围栏，羊群可在围栏里等候入池；出口一端设有滴流台，羊出浴后在滴流台上停留一段时间，使得身上的药液流回池内。滴流台用水泥修成。

把药液放入药浴池中，羊药浴时人站在药浴池的两侧，用木棍控制羊，勿使其漂浮或沉没。将羊的身体浸于药液中浸透即可，一般每只羊要浸浴 3 分钟。

也可以用盆浴。盆浴是羊在大盆、大锅、大缸中进行药浴，比较适合于农区饲养羊只数量不多的养殖户。盆浴时用人工的方法逐只洗浴，比较麻烦费事。

(3) 药浴的注意事项

1）药浴的时机。剪毛后 10~15 天应及时组织药浴。药浴前要检查羊身上有无伤口，有伤口的不能药浴，以免药液浸入伤口引起中毒。

2）药浴前先要进行安全试验。为保证药浴安全有效，应在大批羊入浴前，先用几只羊（最好是体质较弱的羊）进行药浴试验，确认无中毒出现后，再按照计划组织药浴。对于体质很差的羊，要帮助它通过药浴池，牧羊犬也要一起药浴。

3）药浴要确实。不论是淋浴还是池浴，都应让羊多停一会儿，使药液充分浸透羊的全身。力求全部的羊都参加药浴。池内的药液不能过浅,以能使羊体漂浮起来为好。

4)要防止羊饮药液中毒。羊在药浴前 8 小时停喂停牧,药浴前 2 小时应饮足水,浴后避免阳光直射,圈舍保持良好的通风。

5)药浴要选择在晴朗无风的上午进行,以防羊只受凉感冒。药浴后,如遇风雨可赶羊入圈以保安全。药液温度为 15~20℃。当羊行至池中央时,要用木棍压下羊的头部,浸入药液内 2~3 次,以使头部也能药浴。羊出池后,要停留在凉棚或宽敞的棚舍内 6~8 小时,等毛阴干、羊无中毒现象时方可喂草料或放牧。药浴结束后,要妥善处理残液,防止人畜中毒。

2. 驱虫

俗语说"羊以瘦为病",度过了冬春两季的羊群,抵抗力明显降低,体瘦易病。经越冬后各种线虫的幼虫,在每年的 3~5 月将有一个感染的高峰,头年蛰伏在羊体内的寄生虫幼虫也会乘机发作。春季是寄生虫病常发的季节,此时给羊驱虫的效果好。

各种寄生虫不仅消耗羊体内的营养,影响羊正常的采食,而且在大量寄生时还会影响羊对粗蛋白质的充分吸收,阻碍蛋白质的代谢,同时影响钙、磷的吸收。寄生虫的代谢产物也会影响造血器官的功能,改变血管壁的通透性,从而引起腹泻或便秘。因此,北方地区对于寄生虫感染严重的羊群,可以在 2~3 月进行 1 次治疗性驱虫;剪毛之后再进行 1 次普遍性驱虫。对驱虫后 10 天内的粪便,应统一收集并进行无害化处理。

常用的体内驱虫药有阿苯达唑、左旋咪唑等。阿苯达唑是一种广谱、低毒、高效的驱虫药,每千克体重的使用剂量为 15 毫克,对线虫、吸虫和绦虫都有较好的治疗效果。

三、去角

羔羊去角是山羊饲养管理的重要环节。因为有角的公山羊之间往往会发生打斗,容易造成创伤,不便于管理,个别性情暴烈的种公羊还会攻击饲养员和放牧人员,造成人身伤害。母羊最好也去角。因为羊有一个不好的习惯,即用角抵在树上,上下来回蹭树,小树很容易因被蹭掉树皮而死亡,进行放牧时对于林业的发展不利。因此有必要采用人工方法给羔羊去角。

山羊的羔羊一般在出生后7~10天去角，这时去角对羊的损伤小。人工哺乳的羔羊最好在学会吃奶后再去角。有角的羔羊出生后，角基部呈漩涡状，触摸时有一个较硬的凸起。去角时，先将角基部的毛剪掉，剪的面积要大一些（直径约3厘米）。去角的方法如下：

1. 烧烙法

烧烙法是将烙铁烧至暗红色（也可以用功率为300瓦左右的电烙铁），对保定好的羔羊的角基部进行烧烙，烧烙的次数可以多一些，但每次烧烙的时间不要超过10秒，当表层皮肤被破坏并伤及角原组织后结束，对术部应进行消毒。

2. 化学去角法

化学去角法即用棒状苛性碱（氢氧化钠）在角基部摩擦，破坏皮肤和角原组织。术者应先在角基部周围涂抹一圈医用凡士林，防止碱液损伤其他部位的皮肤。操作时先重后轻，将表皮擦至有血液渗出即可，摩擦的面积要大于角基部。术后应将羔羊的后肢适当捆住（松紧程度以羊能独自站立和缓慢行走为准）。由母羊哺乳的羔羊，在去角后的半天内应与母羊隔离，哺乳时也应尽量避免羔羊将碱液污染到母羊的乳房上而造成损伤。去角后，可以给伤口撒上少量的消炎粉。

四、修蹄

羊蹄是皮肤的衍生物，生长较快。养羊场日常养羊，由于羊蹄的生长速度与平时放牧运动对羊蹄的磨损程度基本相当，因此在一般放牧条件下饲养的多数羊的羊蹄是不需要进行修剪的。但是在完全舍饲或冬季外出放牧时间减少的情况下，其羊蹄的生长速度大大地高于磨损程度，这就会导致部分羊的羊蹄生长速度过快，以致出现部分羊蹄生长过长、过尖，甚至部分羊的蹄质变形并歪向一侧的情况。

如羊群的羊蹄长期不修剪，羊蹄生长过长、过尖或蹄质变形，不仅会影响羊的采食和行走，而且还易引起部分羊发生蹄部疾病，导致羊的蹄尖上卷、蹄壁开裂、四肢变形，甚至还会给羊群日后的放牧和采食带来极大的不便。严重的蹄部疾病，如公羊蹄质变形会导致其后肢不能支撑配种，可直接影响配种工作的正常进行，有的疾病甚至导致公羊失去配种能力，使其失去种用价值。所以修蹄是四肢保健的一项重要工作。

1. 修蹄次数

对于放牧的羊只，羊群一般每半年修蹄1次。

2. 修蹄时机

修蹄一般选在雨后或雪后进行，此时蹄壳较软，容易操作。

3. 修蹄工具

修蹄的工具主要有修蹄刀、修蹄剪（彩图31），也可以用其他的刀、剪代替。

4. 修蹄方法及注意事项

修蹄时应先将羊固定好，一般让羊呈坐姿保定，背靠操作者。一般先从羊的左前肢开始，术者用左腿夹住羊的左肩，使得羊的左前膝靠在人的膝盖上。术者左手握蹄，右手持修蹄刀或修蹄剪（彩图32），先除去蹄下的污泥，用蹄剪将过长的蹄壳剪掉，再用修蹄刀将蹄部削平，将羊蹄修剪成椭圆形。修蹄时要细心操作，动作要准确、有力，一层一层地往下削，不可一次性切削过深、过多，一般削至可见到浅红色的微血管为止，不可伤及蹄肉。修完前蹄后再修后蹄。修蹄时如果不慎伤到蹄肉造成出血时，可视出血量的多少采用压迫法止血或烧烙法止血。烧烙时应尽量减少对其他组织的损伤。

对于变形蹄应分几次矫正，切不可操之过急伤到羊蹄。对于舍饲羊，每月至少修蹄1次，种公羊更应经常检查，及时修蹄，以免影响配种。

另外，在给羊修蹄之前，可将羊蹄用清水浸泡一会，使羊蹄蹄质变软，这样更容易进行修剪。

五、免疫接种

免疫接种就是使羊体产生特异性的抵抗力，使其对某种传染病具有抗性。有组织有计划地进行免疫接种，是预防和控制传染病发生的重要措施之一。

免疫接种时首先应注意疫苗是否针对本地常发的疫病类型，要注意同类疫苗间型号的差异，疫苗稀释后一定要摇匀，并注意剂量的准确性，使用前要注意疫苗是否在有效期内，在运输和保存疫苗过程中要保持低温。按照说明书采用正确的免疫方法,如口服、肌内注射、皮下注射、皮内注射等。在使用弱毒活菌苗时,不能同时使用抗生素。只有完全按照要求操作,才能使疫苗接种安全有效。

【提示】

羔羊的免疫程序:羔羊出生当天,肌内注射破伤风抗毒素,1毫升/只;20日龄左右,肌内注射羊三联四防灭活疫,1毫升/只;27日龄左右,尾根内侧皮内注射羊痘活疫苗,0.5毫升/只;34日龄左右时,肌内注射羊传染性胸膜肺炎灭活疫苗,3毫升/只。

六、刷拭

刷拭羊体可促进羊的血液循环,为保持羊体的清洁卫生,可每天进行1次或每2天进行1次,可使用的工具有棕刷、旧的扫把等。刷拭的顺序一般是从前到后,从上到下。刷拭可在饲喂后进行。

七、山羊抓绒

每年初夏时节,山羊会出现脱绒现象。一般体况好的羊先脱,体弱的羊后脱;成年羊先脱,育成羊后脱;母羊先脱,公羊后脱。

(1) 抓绒的时间和工具 山羊抓绒的时间一般在4~5月,当羊绒的毛根开始出现松动时进行。在生产中常通过检查山羊耳根、眼圈四周绒毛的脱落情况来判断抓绒的时间。

抓绒工具是特制的铁梳,有密梳和稀梳2种类型。密梳通常由12~14根钢丝组成,钢丝间距为0.5~1.0厘米;稀梳通常由7~8根钢丝组成,钢丝间距为2.0~2.5厘米。钢丝直径为0.3厘米左右,弯曲成钩状,尖端磨成圆秃形,以减轻对羊皮肤的损伤。

(2) 抓绒方法 抓绒时需将羊的头部及四肢固定好,先用稀梳按顺毛方向沿颈、肩、背、腰、股等部位,由上而下将毛梳顺,再用密梳向反方向梳刮(图6-1)。抓绒时,梳子要紧贴皮肤,用力均匀,不能

图6-1 抓绒

用力过猛，防止抓破皮肤。第 1 次抓绒后，过 7 天左右再抓 1 次，尽可能将绒抓净。

第六节　优质安全羊肉的构成

一、无公害羊肉

1. 无公害羊肉生产特点

1）贯彻全程质量控制的管理理念。羊肉的无公害认证过程包括对肉羊整个生产过程的合格评定，包括肉羊产地环境中空气、土壤和生产用水的检测，周围环境质量状况的评估，生产过程质量安全控制措施的实施，生产中投入品的使用记录，以及最终成品的质量安全水平等，覆盖了肉羊生产过程的各个环节。

2）标准化生产。无公害羊肉生产操作的每个环节，都要按照规定的技术要求和规范进行，产地环境、投入品使用、产品质量都必须符合国家相关的强制性标准和规范要求。

3）可追根溯源。无公害羊肉产品的认证书及无公害农产品标志都带有申报无公害农产品企业的基本信息，即可防伪又可追根溯源。

2. 无公害羊肉生产要求

（1）**无公害羊肉生产的饲养环境要求**　场舍应选在地势较高、背风向阳、干燥平坦、排水良好、远离污水排污口且避开化工厂、屠宰场、造纸厂等容易产生环境污染企业的地方。养殖场地要有充足的水源且水质达标。在满足卫生防疫和用水安全要求的前提下，选址应保障养殖场交通方便顺畅，并与主要的交通干线有一定的安全距离。

（2）**无公害肉羊饲养场设施要求**

① 场舍环境。羊舍应具有良好的粪尿清理设备。为满足羊群不同阶段的饲养需求，还要控制舍内温度、湿度、通风程度和日照强度等处于合适范围，以降低羊群疫病发生的概率。羊舍地面和墙壁应选用易清理、清洗的材料，以便进行彻底清洗消毒。

② 消毒设施。饲养场入口处应设有车辆消毒设施，同时要设有人员消毒通道，该通道内除设地面消毒池外，还需增设紫外线消毒灯。生产区门口应设有洗手消毒、脚踏消毒等设施。

3. 羊肉无公害生产规范

（1）生产管理　加强生产管理，采用"全进全出"饲养制度；杜绝其他动物进入饲养场地，以免羊群感染病原；强化对羊群的生产管理，尽量避免疫病发生，尽可能少用药物。

（2）种羊引进　坚持自养自繁的原则，确需引进种羊时，应严格按照《种畜禽管理条例》的规定，从具有动物防疫条件合格证与种畜禽生产经营许可证的种羊场引进，按相关法规对其进行畜禽调运检疫检验。种羊运达饲养地后，隔离饲喂 30～45 天，确定无疫病后，方可用于繁殖配种。

（3）饲喂规范

① 严格遵守《饲料和饲料添加剂管理条例》的相关规定。

② 严格遵守《饲料药物添加剂使用规范》，使用的添加剂需在《饲料添加剂品种目录》上，执行休药期制度。

③ 严禁饲喂在《禁止在饲料和动物饮水中使用的药物品种目录》中禁止使用的药物、激素类药物及其他不应使用的药物。

（4）疫病预防

① 消毒。羊舍及饲喂工具等每 2～3 周使用 2% 火碱（氢氧化钠）溶液或生石灰消毒 1 次；羊舍周围及污水池、排粪坑、下水道等每月用消毒剂消毒 1 次，饲养场出入口的消毒池应定期更换消毒液，禁止无关人员进入饲养场。

② 免疫接种。根据《中华人民共和国动物防疫法》及相关法规规定，对羊群进行口蹄疫、小反刍兽疫、羊痘、布鲁氏菌病等疫病的免疫接种工作。免疫时要选用正规疫苗、正确的免疫程序及免疫方法。

③ 疫病监控。需根据相关法律法规，结合饲养场疫病流行情况制定相应的疫病监控标准。需监控的肉羊疫病主要为小反刍兽疫、口蹄疫、布鲁氏菌病、羊痘及结核病等。

④ 疫病的治疗与种群净化。当羊群出现疑似疫病时，必须向兽医管理部门上报，并按兽医检测结果，制订疫病防控计划，隔离并淘汰患病羊只，采取种群净化措施。如确定为应扑杀的疫病时，必须配合当地兽医部门，对羊群进行扑杀处理，以避免疫病大规模暴发。

(5) 药品的管理使用 用于疫病预防和治疗的兽药需凭兽药处方用药,出栏前的肉羊必须严格执行休药期规定,不够标准的羊只不得以无公害肉羊出栏。建立健全羊群用药记录,记录应包含羊只编号、发病时间与症状、治疗药品名称及用药方法等。所用药物必须符合《兽药管理条例》的相关规定。

(6) 建立健全饲养档案 建立健全饲养档案,保证无公害肉羊的生产质量及可追溯性。养殖档案应包括饲料、添加剂及兽药采购记录,饲料和添加剂使用记录,羊群用药记录,消毒记录,免疫接种记录,疫病监控记录,病死羊只无害化处理记录和销售记录。所有信息都应填写准确、可靠、及时、完整并在清群后保存2年以上。

4. 无公害羊肉屠宰和加工相关标准

进行无公害肉羊屠宰和加工的企业必须遵守《食品生产通用卫生规范》(GB 14481—1994)、《畜禽屠宰加工卫生规范》(GB 12694—2016)和《畜类屠宰加工通用技术条件》(GB/T 17237—2008)的规定,远离垃圾场、畜禽养殖场、医院及其他公共场所和排放"三废"的工业企业,并距离交通主干道2千米以上。生产加工用水应符合《生活饮用水卫生标准》(GB 5749—2006),大气质量环境不得低于国家相关规定。加工厂环境应清洁、干净,车间配有必要的卫生设施。

二、绿色羊肉

1. 绿色羊肉的基本概念

绿色羊肉是指遵循可持续发展原则,按照绿色食品标准生产,经专门机构认定、许可使用绿色食品标志的无污染、安全、优质、营养的羊肉。其原料中各种有害物质的残留量符合有关标准,生产加工中不使用任何有害化学合成物质,按特定的操作规程生产、加工,产品质量及包装经检验符合特定产品标准。绿色羊肉产品分为AA级和A级,在AA级绿色羊肉生产中禁止使用任何化学合成的生产资料、基因工程技术和胚胎移植技术;在A级绿色羊肉生产中限量使用限定的化学合成的生产资料,并严格遵守使用方法、使用剂量、使用次数、兽药休药期和废弃期的规定。

2. 绿色羊肉生产的基本要求和技术

（1）环境条件要求 羊场、养羊企业及生产绿色牧草、饲料的基地，选址必须在无污染和生态环境良好的地区。应远离工矿区和公路、铁路干线，避开工业和城市污染源的影响，防止人类生产和活动产生的污染对产地的影响，以保证绿色羊肉产品无污染、安全可靠，而且生产基地应具有可持续发展的生产能力。产地的空气环境、牧草灌溉水、养殖用水和土壤环境中各项污染物的含量不能超过《绿色食品 产地环境质量》NY/T 391 中规定的浓度限值。

（2）羊肉的绿色生产技术

1）育肥羊选择。选择肉质好、体格健壮、抗病能力强、适应当地生态条件的优良品种，可以引进种羊与当地品种进行经济杂交，用优良杂交组合的后代进行育肥。需购入羊时应到绿色食品畜禽繁育场购买，不可从疫区引入，种用和生产用羊应来自符合下列要求的养殖场：位于无疫病区，装运前至少 3 个月内无口蹄疫，装运前至少 30 天内没有发生过《中华人民共和国动物防疫法》规定的一、二、三类动物疫病，应来自无布鲁氏菌病的羊群，应是在原产场出生或至少在原产场饲养 6 个月以上的羊只。引进的羊只应隔离观察 30～45 天，证实无病后才可混群饲养。

2）饲料与饲料添加剂。饲料原料应种植在无环境污染的地区，避免施用化学肥料和各种合成农药。要求根据不同品种饲料的生物学特性，及时收割、晾晒、妥善储存，不得有发霉、变质、结块等现象。按照羊的饲养标准配制饲料，做到营养全面，各营养素间相互平衡。所使用的饲料和饲料添加剂等生产资料必须符合饲料卫生标准、各种饲料原料标准、饲料产品标准和饲料添加剂标准的有关规定。所用饲料添加剂和添加剂预混合饲料必须来自于有生产许可证的企业，并且具有企业、行业或国家标准产品批准文号。同时，用于生产 A 级绿色羊肉的饲料不应使用转基因方法生产的饲料原料、以哺乳类动物为原料的动物性饲料产品、工业合成的油脂、畜禽粪便等。饲料添加剂必须是《饲料添加剂品种目录》中所列的饲料添加剂和允许进口的饲料添加剂品种。饲料原料、饲料添加剂及各类配合饲料应符合《饲料卫生标准》（GB 13078—2017）规定，遵守《饲料药物添加剂使用规范》(农业部公告第 176 号)。饲料中不得添加《禁止在饲料和动物饮水中使用的药物品种目录》(农业部公告第 176 号)中规定的违禁药物。

3) 羊场规划和布局。养羊场应建在无疫病区,远离交通要道、公共场所、居民区、学校、医院和水源,地势较平坦且具有一定的坡度。严格执行生产区和生活区相隔离的原则,人员、动物和物资运转应采取单一流向,以防止污染和疫病传播。羊场的污水、污物处理应符合国家环保要求,环境卫生质量应达到《畜禽场环境质量标准》(NY/T 388)的要求。

4) 羊场的设施、设备。构建厂房的材料,特别是羊舍及其设备应对羊无害,易于清洗和消毒。房舍的隔离、加热和通风设施应保证空气流通,防尘,温度和相对湿度适宜。羊舍应具有适宜的光照,并与当地气候条件相适应,光照可采用自然光或人工光照,人工光照时间应和自然光照时间大致相同,维持在 9:00~17:00。此外,光线应具有足够的强度,以便对羊只实施检查。羊舍地面应平整防滑,以防对羊只造成伤害。舍内的垫草应洁净、干燥、无毒,经常更换。使用漏缝地板的羊舍,也应充分考虑上述保护性措施。饲喂和饮水设备建造应合理,材料坚固、无毒无害,易于清洗消毒。羊场应备有良好的清洗消毒设施,防止疫病传播,并对羊场及其相应设施进行定期清洗消毒;应具备良好的防害虫(如昆虫和啮齿动物等)防护设施;具备有效的粪便和污水处理系统,保证环境卫生质量达到《畜禽场环境质量标准》(NY/T 388)的要求。

5) 肉羊饲养管理要点。

① 饲养密度:任何羊场,对群养的生长育成羊和断奶羔羊,其饲养密度应以能保证动物自由的平躺、休息和站立为宜。

② 卫生条件:对羊只的饲料供应应考虑到年龄、体重、行为和生理需求,保证其健康成长,维持其正常生理功能。应给 2 周龄以上的羊只提供足够的清洁饮水,或通过饮用其他液体食物保证其日常需水要求。

③ 日常检查:对于群饲和舍饲羊,饲养人员每天对所有的羊只进行检查,对所有疑似发病或受伤的羊应立即治疗;对疑似患传染病

的羊只应立即隔离，并通知相关部门，将疫病确诊所需标本样品送往指定实验室进行检验，一旦确诊，应立即报告当地畜牧兽医行政管理部门。

④ 清洗消毒：羊场应备有良好的清洗消毒设施，防止疫病传播，并对羊场及其相应设施等进行定期清洗消毒，以防交叉感染和病原微生物积聚。应经常清除粪、尿和饲料残渣，以防异味及苍蝇和啮齿动物滋生。

6）疫病监控。羊场应坚持采用国家畜牧兽医行政管理部门规定的疾病监测方案，并接受当地畜牧兽医行政管理部门的监督。

7）合理使用兽药。对羊病应以预防为主，治疗用药时必须遵守《绿色食品　兽药使用准则》（NY/T 472—2013）的规定。允许使用消毒防腐剂对饲养环境、羊舍和器具进行消毒，但不准对动物直接施用。允许使用疫（菌）苗预防羊病，活疫（菌）苗应无外源病原污染，灭活疫（菌）苗的佐剂未被羊完全吸收前该羊产品不能作为绿色食品。允许使用《绿色食品　兽药使用准则》规定的可用于羊的抗菌药和抗寄生虫药，使用中还必须严格遵守规定的使用方法与用途、给药途径、使用剂量、疗程、休药期，产品中的兽药残留限量应符合《动物性食品中兽药最高残留限量》的规定。

3. 绿色羊肉初加工技术

（1）工厂卫生规范　肉羊屠宰厂或肉类加工企业、羊肉分割厂和冷库的厂址选择与建筑布局、厂房设备卫生、卫生管理和个人卫生应符合《绿色食品　畜禽卫生防疫准则》（NY/T 473—2016）规定的卫生要求。

（2）屠宰加工卫生要求　肉羊屠宰过程的卫生要求和检验方法应按《绿色食品　畜禽卫生防疫准则》（NY/T 473—2016）的规定执行。羊只不得患有口蹄疫、结核病、布鲁氏菌病、炭疽、狂犬病、钩端螺旋体病、羊痘、小反刍兽疫、痒病、蓝舌病。肉羊屠宰场或肉类加工企业的选址、建设应符合《绿色食品　动物卫生防疫准则》（NY/T 473—2016）中规定的卫生要求。羊肉产品应符合《食品安全国家标准　鲜（冻）畜、禽产品》（GB 2707—2016）；兽药残留应符合《绿色食品　农药使用准则》（NY/T 393—2020）和《绿色食品兽药使用准则》（NY/T 472—2013）的要求；重金属残留应执行《食品安全国家标准　食品中污染物限量》（GB 2762—2017）的规定。

(3) 鲜肉分割卫生　分割肉的原料应经兽医卫生检验合格后，置于温度低于 7℃ 的条件下冷却。分割间的温度不得超过 12℃。鲜肉经分割与剔骨、再修割与修整，然后冷却。

(4) 鲜肉储藏与运输　鲜肉入库时，应有兽医检验合格章，无血、无毛、无污染，不带头、蹄，符合内外销要求，否则不得入库。羊肉经冷却 20～24 小时、肉温达到 0～4℃，冷冻 20 小时、肉温达到 -15～-12℃，方能转库储藏。

4. 绿色羊肉的质量认证

养羊单位提出认证申请，由中国绿色食品发展中心（CGFDC）按照原农业部颁布的《绿色食品标志管理办法》，组织省级绿色食品管理部门对该羊场或养羊企业和其原料产地进行环境监测评价后，为合格者颁发绿色食品标志使用证书。

三、有机羊肉

有机羊肉生产的产地环境要进行有机食品基地生产认证，基地内种植有机牧草和饲料的土壤应耕性良好、无污染，土壤环境质量必须符合《土壤环境质量　农用地土壤污染风险管控标准（试行）》（GB 15618—2018）的规定，且需要经历转换期，即指从开始有机管理到有机认证之间的时间，全部通过需要 3 年左右。

饲料中应注意将常规饲料使用量控制在日粮的 25% 以下，同时严格参照有机认证标准使用饲料添加剂。生产的有机羊肉应有一套完整的从羊舍选址、羔羊选育、养殖、出栏、屠宰、分割等切合实际的管理规范。引进的羊出生应不超过 6 周且已断奶。

在疾病防控中，对病羊使用常规兽药时，必须经过该药物降解期的 2 倍时间后才能出售。禁止使用抗生素、化学合成兽药和其他生长剂，禁止使用激素控制羊的性行为。允许预防接种疫苗，但禁止使用转基因疫苗。羊舍内消毒可使用次氯酸钠、氢氧化钠、氢氧化钾、过氧化氢、乙醇、乙酸、草酸等。

第七章
熟悉诊断用药，向防控要效益

第一节　山羊疾病防治的误区

一、卫生消毒方面存在的误区

1. 忽视卫生管理

在羊的规模化养殖中，因为饲养密度高、环境条件差，如果卫生管理不善，必然会增加疾病的发生机会。生产中由于不注重卫生管理，如隔离条件不良、消毒措施不力、羊场和羊舍内污浊及粪尿、污水横流等导致疾病发生的实例屡见不鲜。改善环境卫生条件是减少羊场疾病最重要的手段。改善环境卫生条件需要采取的综合措施有：一是做好羊场的隔离工作。羊场要选在地势高燥处，远离居民点、村庄、化工厂、畜产品加工厂和其他畜牧场，最好周围有农田、果园、苗圃和鱼塘。羊场周围设置隔离墙或防疫沟，场门口有消毒设施，避免闲杂人员和其他动物进入；场内要分区规划，生产区、管理区和病畜隔离区严格隔离。建筑物布局时切勿拥挤，要保持15～20米的间距，以利于通风、采光和保持羊场空气质量良好。注重羊场绿化和粪便处理，避免环境污染。二是采用"全进全出"的饲养制度，养殖各个批次保持一定的间歇时间，对羊场进行彻底的清洁消毒。三是加强消毒。隔离可以避免或减少病原进入羊场和羊体，减少传染病的流行；消毒可以杀死病原微生物，减少环境和畜体中的病原微生物，减少疾病的发生。在我国目前的饲养条件下，消毒工作显得更加重要。注意做好进入羊场人员和设备用具的消毒、羊舍消毒、带羊消毒、环境消毒、饮水消毒等。四是加强卫生管理。保持舍内空气清洁，进行适量通风，过滤和消毒空气，及时清除舍内的粪尿和被污染的垫草并进行无害化处理，保持适宜的湿度。五是建立健全各种防疫制度。如制定严格的隔离、消毒制度，引入羊隔离检疫制度、病死羊无害化处理制度、免疫制度等。

2. 忽视空栏休整期间的清洁

山羊疾病，特别是传染性疾病的不断发生，可能许多人都能说出各种原因来，但有一个原因是不容忽视的，就是羊群出栏后羊场或羊舍清理不够彻底，与下一批羊的间隔期不够长。目前在羊场清理消毒过程中，很多羊场只重视了舍内清理工作，往往忽视了舍外的清理。同时，清理工作要求做到冲洗全面干净、消毒彻底完全；羊只出售后要从清理、冲洗和消毒3方面去下功夫整理羊场和羊舍才能达到所要求的清洁标准。清理对预防羊病发生起到决定性的作用，做到以下几点才能保证羊的生长和生产安全：一是第1批羊出栏到第2批羊进入要间隔2周以上。二是羊出栏后5天内将舍内完全冲洗干净，舍内干燥期不低于7天。这是因为任何病原体在干燥情况下都很难存活，至少也能明显减少病原体的存活时间。三是将舍内墙壁、地面冲洗干净并空舍7天以后，再用20%石灰乳洗刷地面与墙壁。管理重点是各个部位的石灰乳要刷得均匀一致。四是对刷过石灰乳的羊舍的消毒（包括甲醛熏蒸消毒在内）重点都放在屋顶上，这样效果会更加明显。五是舍外也要清理如新场一样，将污染区地面清理干净露出新土后，最好在地面上铺撒生石灰，所有人员不再进入活动以保证生石灰所形成的保护膜不被破坏。六是将羊场水泥路面冲洗干净后，洒上20%石灰乳和5%氢氧化钠溶液各1次。如果需使用地面，应铺1米宽的砖路供饲养管理人员行走。

3. 消毒存在的误区

羊场消毒方面存在的误区有：消毒前不清理污物，消毒效果差；消毒不严格，留有死角；消毒液选择和使用不科学，以及忽视日常消毒工作。避开这些误区的方法如下：

(1) 消毒前要彻底清洁 彻底的机械清除是有效消毒的前提。消毒表面不清洁干净会阻碍消毒剂与细菌的接触，使杀菌效力降低。如羊舍内有粪便、羊毛、饲料、蜘蛛网、污泥、脓液、油脂等存在时，常会降低消毒剂的效力。在许多情况下，表面的清洁甚至比消更重要。进行各种表面的清洗时，除了刷、刮、擦、扫外，还应用高压水冲洗，效果会更好，有利于有机物溶解与脱落。消毒前应先将可拆除的用具运至舍外清扫、浸泡、冲洗、刷刮，并反复消毒，舍内从屋顶、墙壁、门窗，直至地面和粪池、水沟等按顺序认真清理和冲刷干净，然后再进行消毒。

（2）消毒要严格 消毒是非常细致的工作，要对羊场进行全方位的消毒，如果留有死角或空白，就起不到良好的消毒效果。对进入生产区的人员必须严格按程序和要求进行消毒，禁止工作人员不按要求消毒而随意进入生产区或"串舍"。制定科学合理的消毒程序并严格执行。

（3）消毒液的选择和使用要科学 长期使用同一种消毒药，细菌、病毒对药物会产生耐药性，因此最好是几种不同类型的消毒剂交叉使用；在养殖场或羊舍入口处的池中堆放厚厚的生石灰起不到有效的消毒作用。使用生石灰消毒最好的方法是加水配成10%~20%的石灰乳，用于涂刷畜禽舍墙壁1~2次，既可消毒灭菌，又有涂白美观的作用。消毒池中的消毒液要经常更换，保持相应的浓度，才能达到预期的消毒效果，如使用氢氧化钠，每2天要更换1次，并保持5%~8%的有效浓度。消毒液要现配现用，否则可能会发生化学变化，造成失效。用强酸、强碱等刺激性强的消毒药带畜消毒，会造成羊的眼睛、呼吸道刺激，严重时甚至会造成皮肤腐蚀。因此，空栏消毒后一定要冲洗，否则残留的消毒剂会造成羊蹄和皮肤的灼伤。

（4）注意日常消毒 在某些情况下，羊场虽然没有发生传染病，但外界环境可能已存在传染源，传染源会排出病原体。如果此时没有采取严密的消毒措施，病原体就会通过空气、饲料、饮水等传播途径入侵易感畜禽引起疫病发生。所以要加强日常消毒，杀灭或减少病原体，避免疾病发生。

4. 病死羊处理方面的误区

病死羊带有大量的病原微生物，是羊场内最大的污染源，处理不当很容易引起疾病的传播。对病死羊的处理存在如下误区：

（1）随意乱放病死羊，造成污染 很多养羊场（户）发现死亡的羊只后不能做到及时处理，随意放在羊舍内、舍门口、庭院内和过道等处,特别是到了冬季更是随意乱放,还经常是放置很长时间,没有固定的病死羊焚烧掩埋场所,也没有形成固定的消毒和处理程序。这样一来,就人为造成了病原体的大量繁殖和扩散,随着饲养人员的进出和活动,大大增加了羊群重复感染发病的概率,给羊群保健造成很大麻烦,经常是病羊不断出现,形成了恶性循环。

(2) 随意出售病死羊或食用,造成病原的广泛传播 有些养殖场(户)不按照《中华人民共和国畜牧法》及相关法律法规办事,对病死羊不是进行无害化处理,而是随意出售或者食用,结果导致病原的广泛传播,造成疫病的流行。

(3) 不注意解剖诊断地点的选择,造成污染 怀疑羊群有病时尽快查找原因本无可厚非,可是个别养羊场(户)和兽医,在做剖检时往往都不注意地点的选择,随意性很大,在距离羊场很近的地方,更有甚者在饲养员住所、饲料加工储藏间和羊舍门口等处进行剖检。并且剖检完毕将尸体和周围环境做简单清理了事,根本不做彻底地消毒,这更增加了疫病传播和扩散的危险性。

因此,生产中要做好病死羊的处理工作:对死羊要进行无害化处理,严禁出售或自己食用。发现死羊要放在指定地点,经过兽医人员诊断后进行无害化处理。处理方法有:焚烧法、高温处理法和土埋法。

病死羊的解剖诊断等要在隔离区或远离羊场、水源等地方进行,解剖诊断后要进行尸体的无害化处理,对诊断场所要进行严格消毒。兽医人员在解剖诊断前后都要消毒。

二、免疫接种方面存在的误区

1. 误以为养羊可以不进行免疫

羊对疫病的反应不像其他家畜那样敏感,在发病初期或遇小病时,往往不易表现出来,因此,大部分养殖户认为羊不易生病,用不着预防接种,殊不知传染病对养羊业的危害极大。应根据当地历年发生传染病的情况,选用相应的疫苗,在适宜的季节进行接种。常用疫苗有羊三联四防灭活疫苗、羊痘活疫苗等。

2. 忽视疫苗储存或误以为在冷藏设备内长期存放不影响使用效果

疫苗的质量关乎免疫效果,影响疫苗质量的因素主要有产品的质量、运输储存等。但生产中存在忽视疫苗储存或认为在冷藏设备内长期存放不影响使用效果的误区,严重影响免疫效果。

(1) 根据不同疫苗特性科学保存疫苗　疫苗需要冷链运输,保存在冷藏设备内。我们知道,能用作饮水免疫的疫苗都是冻干的弱毒活疫苗;油佐剂灭活疫苗和氢氧化铝乳胶疫苗必须通过注射免疫。油佐剂灭活疫苗和氢氧化铝乳胶疫苗可以常温保存或在 2~4℃ 冰箱内低温保存,不能冷冻。冻干弱毒活疫苗应当按照生产厂家的要求储藏在 -20℃,常温保存会使得活疫苗很快失效。因此,停电是疫苗储存的大敌,反复冻融会显著降低弱毒活疫苗的活性。疫苗稀释液的保存也非常重要。有些疫苗生产厂家会随疫苗提供特制的专用稀释液,不可随意更换。疫苗稀释液可以在 2~4℃ 冰箱中保存,也可以在常温下避光保存,但是绝不可在 0℃ 以下冻结保存。不论是在何种条件下保存的稀释液,临用前必须认真检查其清澈程度和容器的完好性。如果瓶塞松动脱落,瓶壁有裂纹,稀释液混浊、沉淀或内有絮状物飘浮,禁止使用。

(2) 避免疫苗长期保存　一次性大量购入疫苗也许能省时省钱。但是,由于很多疫苗中含有活的病毒,如果不能及时使用就会失效。要根据羊场免疫计划来决定疫苗的采购品种和数量,切实做好疫苗的进货、储存和使用记录,随时注意冰箱的实际温度和疫苗的有效期。特别要做到疫苗"先进先出"制度。超过有效期的疫苗应当放弃使用。

3. 过分依赖免疫接种,认为只要进行过免疫接种就可以"高枕无忧"

疫苗的免疫接种是防止疫病发生的重要措施之一。但在生产中,有的羊场过分依赖免疫接种,把免疫接种看作是防止疫病发生的唯一方法,而忽视其他的疫病控制方法,甚至认为进行过免疫接种就可以"高枕无忧"了,殊不知免疫接种也不是百分之百的保险,因为免疫接种也有一定的局限性,影响免疫接种效果的因素很多,任何一个方面出现问题,都会影响免疫效果。

(1) 正确认识免疫接种的作用　免疫接种可以提高羊体特异性抵抗力,但必须是准确接种。生产中多种因素会影响免疫接种效果,如许多疾病无高质量疫苗或疫苗的研制开发跟不上病原变化速度,不能进行有效的免疫接种。并且,疫苗接种产生的抗体只能有效地抑制外来病原入侵,并不能完全杀死畜禽体内的病原,有些免疫畜禽还可以向外排毒。另外,还应注意免疫副作用,如活疫苗毒力返强、中等毒力疫苗造成免疫抑制或发病、疫苗干扰,以及不是用无特定病原(Specific pathogen free,SPF)胚制备的疫苗通常含有病原,接种后更会增加羊群对多种细菌和病毒的易感性及造成对疫苗反应抑制。疫苗因素(疫苗内在质量差、储运不当、选用不当)、羊群自身因素(遗传、应激、健康水平、潜在感染和免疫抑制等)、技术原因(免疫程序不合理、接种途径不当、操作失误)等都可能造成免疫失败。所以,疫病控制必须采取隔离、卫生、消毒、免疫接种等综合措施,单一依靠疫苗接种是不行的。

(2)采用正确的免疫接种方式,尽量提高免疫效果

1)选择优质疫苗。疫苗质量是免疫成败的关键因素,质量好的疫苗必须具备的条件是安全和有效。应选择规范、信誉高的厂家生产的疫苗,注意疫苗的运输和保管。

2)适宜的免疫剂量。活疫苗接种后在体内有个繁殖过程,而灭活疫苗必须含有足量的有活力的抗原才能激发机体产生相应抗体,获得免疫效果。若免疫的剂量不足将导致免疫力低下或诱导免疫耐受;而免疫的剂量过大也会造成羊产生强烈应激,使免疫应答减弱甚至出现免疫麻痹现象。

3)避免疫苗相互干扰作用。同时免疫接种2种或多种弱毒苗往往会产生干扰现象。有干扰作用的疫苗要保证一定的免疫间隔。

4)保持环境良好。羊的免疫功能在一定程度上受到神经、体液和内分泌的调节。当环境过冷过热、湿度过大、通风不良时,都会引起羊体不同程度的应激反应,导致羊体对抗原的免疫应答能力下降,接种疫苗后不能取得相应的免疫效果。所以要保持环境适宜、洁净卫生。

5)减少应激。免疫接种是利用致弱的病毒或细菌(疫苗)去感染羊机体,这与天然感染得病相似,只是疫苗的毒力较弱而不引起羊发病死亡,但机体也要经过一场"恶斗"来克服疫苗毒力的作用后才能产生抗体,所以在接种前后应尽量减少羊的应激反应。

4. 免疫接种时存在消毒和抗菌药物使用的误区

接种疫苗时,传统做法是在防疫前后各3天不准消毒,接种后不使用抗生素，造成该消毒时不消毒，有病不能治，小病养成了大病。有些养殖户使用病毒性疫苗对羊进行接种时，习惯在稀释疫苗的同时加入抗菌药物，认为抗菌药对病毒没有伤害，还能起到抗菌、抗感染的作用。实际情况是抗菌药物的加入，使稀释的酸碱度发生变化，引起疫苗失活，效力下降，从而导致免疫失败。正确做法是接种前后各4小时不能消毒；疫苗接种4小时后可以投抗生素，但禁用抗病毒类药物和清热解毒类中草药；不应在稀释疫苗时加入抗菌药物。

5. 联合应用疫苗的误区

有的养羊场（户）为了图省事或减少免疫次数，盲目将多种疫苗同时接种或在相近的时间内接种，更有甚者将几种疫苗混合起来一起接种，造成疫苗相互干扰，影响免疫效果。这是因为多种疫苗同时进入羊体后，其中的一种或几种抗原所产生的免疫成分，可被另一种抗原性最强的成分产生的免疫反应所遮盖；疫苗病毒进入羊体内后，在复制过程中会相互干扰。因此，不要盲目将几种疫苗同时使用或混合使用，应严格按照疫苗说明书的要求进行免疫接种。

三、用药方面存在的误区

1. 盲目加大药量

在生产中，仍有为数不少的养殖户以为用药量越大治疗效果就越好，在使用抗菌药物时盲目加大剂量。虽然使用大剂量的药物可能当时会起到一定的效果，但却留下了不可忽视的隐患。一是造成羊的直接中毒死亡或慢性药物蓄积中毒，损坏肝脏、肾脏功能。而肝脏、肾脏功能受损会使羊自身解毒能力下降，给下一步治疗、预防疾病时用药带来困难。二是大剂量的用药可能杀灭肠道内的有益菌，破坏了肠道内正常菌群的平衡，造成羊的代谢功能紊乱、肠功能性水泻增多，生长受阻。三是细菌极易产生耐药性。临床上经常见到有些用了时间并不很长的药物却已产生了一定的耐药性，按常规药量使用这些药物疗效很差，究其原因与大剂量使用该药造成细菌对该药的耐受性增强、产生耐药株有关。四是加大了养殖业的用药成本，一般药物按常规剂量使用即能达到治疗和预防的目的，如盲目加大剂量，则人为地造成了用药成本的增加。因此，用药时要注意剂量、给药次数和疗程。为了达到预期的治疗效果、减少不良反应，用药剂量要准确，并按规定时间和次数给药。少数药物 1 次给药即可达到治疗目的，如驱虫药。但对多数药物来说，必须重复给药才能奏效。为维持药物在体内的有效浓度，获得疗效，而同时又不至于出现毒性反应，就要注意给药次数和给药间隔时间。大多数药物可 1 天给药 2~3 次，连续用药 5~6 天。

2. 用药疗程不科学

临床上经常可见到一种现象，一种药物才用 2 天就自以为效果不理想，又立即改换成另一种药物，用了不到 2 天又更换药物。这样做往往达不到应有的药物疗效，造成疾病难以控制。另一种情况是，使用某种药物 2 天，产生了较好的效果就不再继续投药，从而造成疾病复发，治疗失败。一般抗菌药物用药疗程为 3~6 天，在整个疗程中必须连续给予足够的剂量，以保证药物在体内的有效浓度。同一种药，同一剂量，产生的药效也不尽相同。因此，在用药时必须根据病情的轻重缓急、用药目的及药物本身的性质来确定最佳给药方法。如危重病例采用注射法给药；治疗肠道感染或驱虫时，宜口服给药。

3. 药物配伍不当

药物配伍使用能起到药物间的协同作用，但如果无配伍禁忌知识，盲目配伍，则会造成不同程度的危害，轻者造成用药无效，重者造成中毒死亡。如有的养殖户出现将青霉素和磺胺类药物、四环素类药物合用，盐霉素和泰妙菌素合用等严重错误的用药配伍。这是因为：

① 青霉素是细菌繁殖期杀菌剂，而磺胺类、四环素类药物为抑菌剂，能抑制细菌蛋白质的合成，使细菌处于静止状态，合用会造成青霉素的杀菌作用大大下降。

② 盐霉素和泰妙菌素合用能大大增加盐霉素的毒性，可引发中毒。

两种以上药物同时使用时，可以互不影响，但在许多情况下 2 药合用总有 1 种药或 2 种药的作用受到影响，其结果可能有：一是协同作用（比预期的作用更强）；二是拮抗作用（减弱 1 种药或 2 种药的作用）；三是毒性反应（产生意外的毒性）。药物的相互作用可发生在药物吸收前、体内转运过程中、生化转化过程中及排泄过程中。在联合用药时，应尽量利用协同作用以提高疗效，避免出现拮抗作用或产生毒性反应。

4. 重视药物治疗，轻预防

许多人预防用药意识差，多在羊发病时才使用药物治疗，从根本上违背了"防重于治"原则。这样带来的后果是疾病多到了中、后期才得到治疗，严重影响了治疗效果，且增大了用药成本，经济效益也大幅下降。因此，养殖者要清楚地了解本地的常发病、多发病，制定出明确的早期预防用药程序，做到提前预防，防患于未然，减少不必要的经济损失。

5. 对新药"情有独钟"

还有些养殖者过于迷信新药，不管药物的有效成分是什么，片面地认为新出产或新品名的药品就比常规药物好，殊不知有些药物只是商品名不同而已。此类所谓"新药"的成分还是普通常规药物，价格却比常用药的价格高出许多，无形中增加了养殖成本。也有的确是新药，药物疗效也很好，但对那些常规用药便能解决的疾病并不需要群体使用新药进行预防性治疗。这样做不仅会增加养殖成本，而且使用新药后，再使用普通的药物就很难达到预期效果了。如常见的头孢类抗生素二代、三代使用后，再使用其他常规抗生素的效果大大不如从前就是这个道理。还有些药品生产厂家出产的"新药"在说明书上没有清楚标明药物的有效成分却标注能治疗百病，从而误导消费者，造成养殖户用药混乱。养殖户要清楚，世上没有包治百病的药，建议选择使用过且被证明效果良好的药物。

6. 缺少用药安全意识

随着人民生活水平的提高，食品安全越来越受到广大人民群众的关注。但是大多数养殖者食品安全意识淡薄，有的甚至根本没有这方面的概念。有的人不遵守《兽药管理条例》，使用违规违禁药物，如使用国家明令禁止在畜禽养殖中使用的硝基呋喃类、硝基咪唑类药物；也有的人认为人用药品比兽药制作精良，效果更好，使用人用药物；还有的人不严格执行休药期制度。用药时应树立用药安全意识，注意掌握用药知识，按照兽药使用规范用药。坚决杜绝在食品动物中使用违禁药物和人用药物。不同药物有不同的休药期制度，必须严格执行。

第二节 引发山羊疾病的主要因素

一、环境因素

在养殖过程中,环境因素在疾病的发生、发展中扮演着越来越重要的角色。忽视了环境因素,往往会造成羊病的多发、高发,甚至能左右药物对疾病治疗的结果。

1. 场址和羊场布局对羊病的作用和影响

在集约化养殖过程中,场址选择的适宜与否、场地规划与建设的优劣,直接关系到羊的健康状况和生产性能的发挥。在大多数中小规模养殖场中,场址的建设比较随意,也比较落后,养羊场之间也没有保持一定距离的意识,这造成散养户和养殖场之间、养殖场和养殖场之间疾病流行和交叉感染频频发生,这也是疾病难以控制的重要因素。

在羊场建设中,很多养殖场没有设置必要的无害化处理设施,往往会出现病死羊尸体乱扔、疫苗瓶随意丢弃的现象,也未重视畜禽粪便的处理问题,往往会把粪便堆在养殖场旁边,下雨时粪水横流。不把这些环境问题解决掉,疾病的预防和控制就无从谈起,甚至会对养殖场造成毁灭性打击。

2. 温度对羊病的作用和影响

适宜的温度是维持畜禽生产性能和健康状况的重要保障。温度问题,特别是温差问题造成的各种疾病屡见不鲜,如腹泻、感冒、呼吸道疾病、冷热应激等均与温度不当有很大关系,有的是直接引起发病,有的是在疾病发生或发展过程中加重了原本的病情或者让治疗起不到效果。温度,这个被大家熟知的因素,也是最容易被忽视的因素,在疾病中的作用和影响不容忽视,应高度重视。

3. 有害气体对羊病的作用和影响

畜禽健康生长,发挥应有的生产性能,需要一个良好的空气环境。但在实际生产中,冬春季羊舍内氨气、硫化氢等有害气体的存在几乎不可避免,只是轻重程度不同而已。在冬春季节,一般为了保温会把羊舍相对密闭,如果粪便再得不到及时清理,有害气体会在畜舍大量蓄积，造成羊只眼睛流泪、直接引起呼吸道症状或者加重呼吸道疾病，造成不必要的严重损失，这种情况在中小规模养殖场中非常多见。

4. 水质对羊病的作用和影响

水质问题给羊场造成的疾病和危害主要体现在引起传染病的流行和急、慢性中毒上。当水质受到病原微生物的污染后，畜禽就会通过饮水或接触水源而感染、发病。当水质受到砷、铅、汞等有毒物质污染时，轻则会造成羊的生产性能的下降，重则会造成急、慢性中毒，甚至死亡。

除了上述因素外，湿度、光照、噪声、风速等环境因素，都会在养殖过程中造成各种各样的影响，也与疾病的发生、发展息息相关。事实证明，只有重视环境问题，畜牧业才能健康持续的发展，才能靠养殖获得应有的经济效益。

二、病原体因素

病原体因素指的是病毒、细菌、衣原体、支原体及寄生虫等会引发疾病。羊患传染病是因为细菌和病毒类微生物通过各种途径侵入机体内部，形成局部病灶，引起各种症状。这些微生物还具有传染性，会在短时间内进行传染，最终导致羊只大量死亡。这种疾病包括传染性脓疱、羊痘、口蹄疫、羊肠毒血症、羊快疫、破伤风等。羊患寄生虫病是因为感染了寄生虫。寄生虫和病毒与细菌不同，它不仅会吸收羊体内的营养物质，并且还会分泌有毒物质，甚至在移行过程中对机体组织造成损害，进而使羊只产生各种疾病，发生贫血等，严重情况下还会造成羊死亡。

三、山羊自身机体因素

由于饲养管理不当，造成羊自身的机体抵抗力下降，进而引起羊只发生各种疾病。如生产中食物单一，饲喂不干净、不易消化、易产气、发霉变质、有毒有害的饲料等，或者由于饲料中缺乏营养物质或维生素等，进而使羊维生素或矿物质摄取不足，造成贫血或生长发育受阻、中毒等，甚至造成死亡。也有可能因舍内环境因素的刺激，如舍内潮湿、空气中有害气体超标等，均可使羊只抵抗力下降，发生疾病。

第三节　预防山羊疾病的主要措施

一、严格执行隔离和卫生管理措施

1. 科学规划布局

（1）科学选址　羊场应选建在背风、向阳、地势高燥、通风良好、水电充足、水质卫生条件良好、排水方便的沙质土地带，使羊舍保持干燥和卫生。羊场最好配套有鱼塘、果林、耕地，以便于污水的处理。羊场应与公路、居民点及其他养殖场有一定的间隔，远离屠宰场、污水处理站和其他污染源。

（2）合理布局　羊场要分区规划，按其功能可将标准化养羊场划分为生活管理区、生产区、草料加工区和无害化处理区 4 部分。并且严格做到生产区和生活管理区分开，生产区周围应有防疫保护设施（彩图 33~彩图 38）。

2. 引种、隔离和卫生管理

（1）引种管理　尽量做到自繁自养。对从外地引进场内的种羊要严格检疫。应隔离饲养和观察 30~45 天，确认无病后方可并入生产群。

（2）隔离管理

1）羊场大门必须设立水泥结构的消毒池，并装有喷洒消毒设施。人员进场时应经过消毒人员通道，严禁闲人进场，外来人员来访必须在值班室登记。

2）生产区最好有围墙和防疫沟，并且在围墙外种植荆棘类植物，形成防疫林带，只留人员出入口、饲料等物料出入口和羊的出入口，减少与外界的直接接触。

3）生活管理区和生产区之间的人员出入口和物料出入口应以消毒设施隔开，人员必须在更衣室沐浴、更衣、换鞋，经严格消毒后方可进入生产区。生产区的每栋羊舍门口必须设立消毒脚盆，生产人员经过脚盆再次消毒工作鞋后进入羊舍。

4）外来车辆必须在场外经严格冲洗消毒后才能进入生活管理区，严禁任何车辆和外人进入生产区。

5）饲料应由本场生产区外的饲料车运到饲料周转仓库，再由生产区内的车辆转运到每栋羊舍，严禁将饲料直接运入生产区内。生产区内的任何物品、工具（包括车辆），除特殊情况外不得离开生产区，任何物品进入生产区必须经过严格消毒。场内生活区严禁饲养畜禽。尽量避免猪、狗、禽进入生产区。生产区内的肉食品要由场内供给，严禁从场外带入偶蹄动物的肉类及其制品。

6）全场工作人员禁止兼任其他畜牧场的饲养、技术工作和屠宰贩卖工作。保证生产区与外界环境处于良好的隔离状态，全面预防外界病原侵入羊场。休假返场的生产人员必须在生活管理区隔离2天后方可进入生产区工作，羊场后勤人员应尽量避免进入生产区。

7）采用"全进全出"的饲养制度。"全进全出"的饲养制度是有效防止疫病传播的措施之一。"全进全出"使得羊场能够做到净场和充分的消毒，切断了疫病传播的途径，从而避免患病羊只或病原携带者将病原传染给日龄较小的羊群。

3. 卫生管理

（1）保持羊舍和羊舍周围环境卫生　及时清理羊舍中的污物、污水和垃圾，定期打扫羊舍和设备用具，每天进行适量的通风，保持羊舍清洁卫生；不在羊舍周围和道路上堆放废弃物。

（2）保持饲料、饲草和饮水卫生　确保饲料、饲草不霉变，不被病原污染，饲喂用具勤清洁消毒；饮用水符合卫生标准，水质良好，饮水器要清洁，饮水系统要定期消毒（彩图39）。

（3）废弃物要进行无害化处理　粪便堆放要远离羊舍，最好设置专门储粪场对粪便进行无害化处理（彩图40），如堆积发酵、生产沼气等。不要随意出售或乱扔乱放病死羊，防止疫病传播。

（4）防害灭鼠　昆虫可以传播疫病，要保持舍内干燥和清洁，夏季应使用化学杀虫剂防止昆虫滋生繁殖。老鼠不仅可以传播疫病，而且可以污染和消耗大量的饲料，危害极大，必须注意灭鼠，应每2~3个月彻底灭鼠1次。

二、强化饲养管理

1. 加强饲养管理

养殖户应选健康的良种公羊和母羊，以改进羊的品种和提高其生产性能，增强羊对疾病的抵抗力。引进种羊时一定要做好检疫、预防接种和隔离饲养观察，确保羊群健康安全，防止引入新羊带来病原体。饲料的品质要优良无毒无害、无霉变和污染、饲草饲料搭配合理，更换饲草饲料要逐渐过渡，不可突然更换。

2. 合理组织放牧

最好编群组织放牧，合理利用草场，减少牧草的浪费和羊感染传染病和寄生虫病的机会，应推行划区轮牧制度。

3. 重点实行补饲

在冬季牧草枯萎、营养价值下降时或放牧采食不足时，必须进行补饲，特别是对羔羊、妊娠母羊、哺乳期母羊。种公羊在配种期间也必须要加强补饲。

三、做好消毒工作

消毒是采用一定方法将养殖场、交通工具和各种被污染物中病原微生物的数量减少到最低或无害的程度。通过消毒能够杀灭环境中的病原体，切断传播途径，防止传染病的传播与蔓延，是传染病预防措施中的一项重要内容。

1. 消毒的方法

（1）**物理消毒法**　物理消毒法包括机械性清扫、冲洗、加热、干燥、阳光和紫外线照射等方法。如用喷灯对羊只经常出入的地方及产房、培育舍，每年进行1~2次火焰瞬间喷射消毒。

（2）**化学消毒法**　化学消毒法就是利用化学消毒剂对被病原微生物污染的场地、物品等进行消毒，如在羊舍周围、入口、产房和羊床的下面撒布生石灰或氢氧化钠溶液进行消毒；用甲醛等对饲养器具在密闭的室内或容器内进行熏蒸；用规定浓度的苯扎溴铵、有机碘混合物或甲酚皂溶液洗手、洗工作服或胶鞋。

（3）**生物热消毒法**　生物热消毒法主要用于粪便及污物，是通过堆积发酵产热来杀灭一般病原体的消毒方法。

2. 消毒的程序

根据消毒的类型、对象、环境温度、病原体性质及传染病流行特点等因素，将多种消毒方法科学合理地加以组合而进行的消毒过程称为消毒程序。

(1) 消毒池消毒 羊场大门、生产区入口、各栋羊舍两端都要设消毒池（彩图41）。大门口消毒池的长度为汽车轮胎周长的1.5倍，深度为15～20厘米，宽度与大门口同宽；每栋羊舍的两端也可放消毒槽。消毒液可选用2%～5%氢氧化钠溶液、1%复合酚中的任何一种。每周更换1～2次药液，如有雨在天晴后立即更换，确保消毒效果。

(2) 车辆消毒 进入场门的车辆除要经过消毒池外，还必须对车身、车底盘进行高压喷雾消毒，消毒液可用2%过氧乙酸或1%碘附。严禁车辆（包括员工的摩托车、自行车）进入生产区。进入生产区的饲料运输车每周应彻底消毒1次。

(3) 人员消毒 所有工作人员进入场区大门时必须进行鞋底消毒，并经自动喷雾器进行喷雾消毒，进入生产区的人员必须淋浴、更衣、换鞋、洗手（彩图42、彩图43）。对工作人员的工作服、鞋、帽等定期消毒（可放在1%～2%碱水内煮沸消毒，也可按每立方米空间用42毫升福尔马林熏蒸20分钟消毒）。严禁外来人员进入生产区。进入羊舍的人员先踏过消毒池（消毒池的消毒液每3天更换1次），再洗手后方可进入。工作人员在接触羊群、饲料等之前必须洗手，并用消毒液浸泡消毒3～5分钟。病羊隔离区工作人员和剖检人员操作前后都要进行严格消毒。

(4) 环境消毒

1）垃圾处理消毒。生产区的垃圾实行分类堆放，并定期收集。每周进行1次环境清理、消毒和垃圾焚烧。可用3%的氢氧化钠溶液喷湿，在阴暗潮湿处撒生石灰。

2）生活区、办公区消毒。对生活区、办公区的院子或门前屋后，4～10月每7～10天消毒1次，11月至第2年3月每半个月消毒1次。可用2%～3%氢氧化钠溶液或甲醛溶液喷洒消毒。

3）生产区的消毒。生产区道路、每栋羊舍前后应每2～3周消毒1次；每月对场内污水池、堆粪坑、下水道出口消毒1次；使用2%～3%氢氧化钠溶液或甲醛溶液喷洒消毒。

4）地面土壤消毒。土壤表面可用10%含氯石灰溶液、4%福尔马林溶液或10%氢氧化钠溶液进行消毒。停放过芽孢杆菌所致传染病（如炭疽）病羊尸体的场所，应严格消毒，首先用上述含氯石灰澄清液喷洒池面，然后将表层土壤掘起30厘米左右，撒上含氯石灰干粉，并与土混合，将此土妥善运出掩埋。对于其他传染病所污染的地面土壤，则可先将地面翻一下，深度约30厘米，在翻地的同时撒上含氯石灰干粉（用量为每平方米0.5千克），然后以水湿润、压平，如果放牧地区被某种病原体污染，一般利用自然因素（如阳光）来消除病原体；如果污染的面积不大，则应使用化学消毒药消毒。

(5) 羊舍消毒

1) 空舍消毒。羊只出售或转出后对羊舍进行彻底的清洁消毒，步骤如下：

① 清扫。首先清除空舍的粪尿、污水、残料、垃圾，并对墙面、顶棚、水管等处的尘埃进行彻底清扫，并整理舍内饲槽、用具。当发生疫情时，必须先消毒后清扫。

② 浸润。对地面、羊栏、出粪口、食槽、粪尿沟、风扇匣、护仔箱用水进行低压喷洒，并确保充分浸润，浸润时间不低于30分钟，但不能时间过长，以免干燥或浪费水且不好洗刷。

③ 冲刷。使用高压冲洗机由上而下彻底冲洗屋顶、墙壁、栏架、网床、地面、粪尿沟等。要用刷子刷洗藏污纳垢的缝隙，尤其是食槽、水槽等，冲刷时不要留死角。

④ 消毒。晾干后，选用广谱高效消毒剂消毒舍内所有表面设备和用具，必要时可选用2%~3%氢氧化钠溶液进行喷雾消毒，30~60分钟后低压冲洗，晾干后用另一种广谱高效消毒药（如癸甲溴铵溶液）喷雾消毒。

⑤ 复原。恢复原来栏舍内的布置，并检查维修，做好进羊前的充分准备，并进行第2次消毒。

⑥ 熏蒸消毒。将封闭羊舍冲刷干净、晾干后，最好进行熏蒸消毒。用福尔马林、高锰酸钾熏蒸。方法：熏蒸前封闭所有缝隙、孔洞，计算房间容积，称量好药品。按照福尔马林：高锰酸钾=2毫升:1克的比例配制，福尔马林用量一般为28~42毫升/米^3。容器应大于福尔马林加水后容积的3~4倍。放药时一定要把福尔马林倒入盛有高锰酸钾的容器，室温最好不低于24℃，相对湿度在70%~80%。从羊舍一头逐点倒入消毒剂，倒入后迅速离开，把门封严，24小时后打开

门窗通风。无刺激性气味后再用消毒剂喷雾消毒1次。

2）产房和隔离舍的消毒。在产羔前应进行1次消毒，产羔高峰时进行多次消毒，产羔结束后再进行1次消毒。在病羊舍、隔离舍的出入口处应放置浸有消毒液的麻袋片或草垫，消毒液可用2%~4%氢氧化钠溶液（对病毒性疾病）。

3）带羊消毒。正常情况下选用过氧乙酸或癸甲溴铵等消毒剂，含量在0.5%以下时对人畜无害。夏季每周消毒2次，春秋季每周消毒1次，冬季每2周消毒1次。如果发生传染病，每天或隔1天带羊消毒1次，带羊消毒前必须彻底清扫，消毒不仅限于羊的体表，还包括整个羊舍的所有空间。应将喷雾器的喷头高举至空中，喷嘴向上，让雾粒从空中缓慢地下降，雾粒直径控制在80~120微米，压力为0.2~0.3千克/厘米^2。注意不宜选用刺激性大的药物。

（6）废弃物消毒

1）粪便消毒。羊的粪便消毒主要采用生物热消毒法，即在距羊场100~200米以外的地方设一堆粪场，将羊粪堆积起来，上面覆盖10厘米厚的沙土，堆放发酵30天左右即可用作肥料。

2）污水消毒。最常用的方法是将污水引入污水处理池，加入化学药品（如含氯石灰或其他氯制剂）进行消毒，用量视污水量而定，一般1升污水用2~5克含氯石灰。

3. 消毒的注意事项

一要严格按消毒药物说明书的要求配制，药量与水量的比例要准确，不可随意增加或减少药物浓度；二要注意不准随意将2种不同的消毒药物混合使用；三要注意喷雾时必须全面润湿待消毒物的表面；四要注意定期更换消毒药物；五要注意消毒药物现配现用、搅拌均匀，并尽可能在短时间内一次用完；六要注意消毒前必须搞好卫生、彻底清除粪尿、污水、垃圾；七要注意消毒要有完整的消毒记录，记录消毒时间、消毒药品、使用浓度、消毒对象等。

四、进行科学的免疫接种

1. 疫苗的种类

常用的疫苗有活疫苗（弱毒苗）和灭活苗2类。将特定细菌、病毒等微生物的毒力致弱制成的疫苗是活疫苗，其具有产生免疫力快、免疫效力好、免疫接种方法多和免疫期长等特点，但存在散毒和造成新疫源及毒力返祖的潜在危险；用物理或化学方法将病原微生物灭活的疫苗称为灭活苗，具有安全性好、不存在毒力返祖或返强现象、便于运输和保存、对母源抗体的干扰作用不敏感及适用于多毒株和多菌株制成多价苗等特点，但存在成本高、免疫途径单一、生产周期长等不足。

2. 羊的免疫程序

羊的免疫程序可参考表7-1。

表7-1 羊的免疫程序参考

免疫项目	疫苗名称	免疫时间	免疫剂量	免疫方法
快疫、猝狙、肠毒血症、羔羊痢疾	羊三联四防灭活疫苗	每年于2月底3月初和9月下旬分2次接种	1头份	皮下或肌内注射
羊痘	羊痘活疫苗	每年3~4月接种	1头份	尾根内侧皮内注射
布鲁氏菌病	羊布鲁氏菌病活疫苗	免疫前向当地兽医主管部门咨询后进行	1头份	口服
羔羊大肠杆菌病	羔羊大肠杆菌病疫苗		3月龄以下每只1毫升；3月龄以上每只2毫升	皮下注射
羊口蹄疫	羊口蹄疫疫苗	每年3月和9月	2岁以下1毫升；2岁以上2毫升	皮下注射
羊传染性脓疱	羊传染性脓疱皮炎活疫苗	每年3月和9月	0.2毫升	口腔黏膜内注射
羊链球菌病	羊败血性链球菌病活疫苗	每年3月和9月	6月龄以下每只3毫升；6月龄以上每只5毫升	尾根皮下注射

（续）

免疫项目	疫苗名称	免疫时间	免疫剂量	免疫方法
山羊传染性胸膜肺炎	山羊传染性胸膜肺炎灭活疫苗		6月龄以下每只3毫升；6月龄以上每只5毫升	皮下或肌内注射

注：1. 要了解被免疫羊群的年龄、妊娠、泌乳及健康状况。体弱或原来就生病的羊免疫后可能会有各种反应，应说明清楚，或暂时不免疫。
2. 对半月龄以内的羔羊，除紧急免疫外，一般暂不免疫。
3. 预防性免疫前，对疫苗有效期、批号及厂家应注意记录，以便备查。
4. 对预防接种用的针头，应做到1只1换。

五、及时进行药物防治

羊群保健预防用药就是在羊易发病的几个关键时期提前用药物预防，能够起到很好的保健作用，降低羊场的发病率。比起发病后再治疗，这样做既省钱省力，又能确保羊正常繁殖生长，还可以用比较便宜的药物达到防病的目的，收到事半功倍的效果，提高养羊经济效益。

（1）选择适宜的药物 药物对某一器官组织的亲和力，与药物的化学结构及生物转化的特性有关。一般来说，一种药物在一定的剂量下对某一种疾病疗效最佳。因此，羊群发病时应先确诊是什么病，再针对致病的原因确定用什么药物，严禁不经确诊就盲目投药，在给药前应先了解所选药物的成分，同时应注意药物成分的有效含量，避免因给药过少或过多造成治疗效果很差或发生中毒。

（2）确定最佳用药剂量和疗程 药物使用时需要有一定的剂量，在机体吸收后达到一定的药物浓度，才能发挥药物的作用。要发挥药物的作用而又要避免其不良反应，必须掌握药物使用的剂量范围。同时，要根据疾病的类型及药物的性质和羊群的具体情况来确定用药疗程，切忌停药过早而导致疾病复发。

（3）选择最佳给药方法 不同的给药途径不仅影响药物吸收的速度和数量，还与药理作用的快慢和强弱有关，有时不同的给药方法甚至会产生完全不同的作用。如硫酸镁溶液内服起泻下作用，若静脉注射则起镇静作用。常用的给药方法有内服给药和注射给药两大类。选用不同给药方法时，不同药物的吸收途径和在体内的分布浓度有差异，对同种疾病的疗效也会不同。

1）口服给药。口服给药适用于给予大量对胃肠刺激性小的药物时使用。一般采取药物灌服或混在饲料和饮水中，或制成舔剂给药。驱除羊体内寄生虫和治疗胃肠疾病的药物大多数采用口服给药法。灌服的方法是让羊保持站立姿态，用腿夹住羊颈部，或者由助手抱住羊的颈部，给药人用左手拇指从羊嘴角插入，压住舌头，同时用右手将药瓶的瓶嘴从另一侧嘴角伸入羊嘴内，左手将羊头轻轻提起，然后将药液均匀地倒入。如药液较多，要缓慢灌服，防止因灌得过猛而呛入气管。

2）直肠灌注。便秘或驱除大肠后段寄生虫时，可用直肠灌注法。方法是站立保定病羊，将灌肠管慢慢插入肛门，再提起漏斗把药物徐徐灌入肠内，如药液流得太慢，可轻轻抽动管子，加快药液灌入速度。

3）注射给药。注射给药是将各种注射型的药物，使用注射器和输液器输入羊的体内。一般分为皮内注射、皮下注射、肌内注射、静脉注射和气管注射。

① 皮内注射。皮内注射主要用于皮内变态反应的诊断，常在羊的颈部两侧进行。

② 皮下注射。皮下注射在羊的颈侧或股内侧的皮肤松软处进行，用左手提起欲注射部位的皮肤，使其形成皱褶，然后将针头呈 45 度角插入形成皱褶的皮下，如针头能左右自由活动，即可注入药物。

③ 肌内注射。肌内注射多在大腿内、外侧肌肉或颈部肌肉进行，以在颈部肌肉处注射为好，便于操作。在大腿内、外侧进行肌内注射，不仅部位难掌握、难操作，也容易将针头插到骨头上，造成注射羊跛行。肌内注射时针头呈 90 度角插入，插入时要注意深度适中，不能刺进血管。

④ 静脉注射。静脉注射的主要部位是颈静脉，注射时病羊站立、横卧均可，方法是在颈部注射部位剪毛消毒，用左手压住颈部下端阻止血液回流，这时颈静脉鼓起似索状，右手将针头刺入，如果针头刺中静脉，注射器内会有血液流入，这时就可以进行颈静脉注射。如果针头插入过深，可慢慢退出一些，直至针筒内出现血液为止。

⑤ 气管注射。气管注射是将药液直接注射到气管内，如治疗羊的肺吸虫病时采用此法。

4）皮肤、黏膜给药。一般用于可以通过皮肤和黏膜吸收的药物。主要方法有：点眼、滴鼻、皮肤涂擦、药浴等。

(4) 注意药物的不良反应 有些药物由于选择性低、作用范围广泛，当某一作用被作为用药目的时，其他作用就成为副作用。特别是当药物用量过大、用药时间过久或肌体对某一药物特别敏感时。

(5) 合理的用药配伍

1）配伍用药。同时使用2种以上的药物称为配伍用药。在配伍用药中，各种药物的作用相似，药效增加，称为协同作用。协同作用又可分为相加作用和增强作用，临床上利用药物的相加作用以减少单用某一药物所产生的不良反应，如三溴合剂的总药效等于钾、钠、铵溴化物3种药物相加的总和；临床上利用药物之间的增强作用以提高疗效，如磺胺类药物或某些抗生素与甲氧苄啶（TMP）合用，其抗菌作用大大超过各药单用时的总和。在配伍用药中，各种药物作用相反，引起药效减弱或互相抵消，称为拮抗作用。如应用普鲁卡因局部麻醉时，使用磺胺类药物防治创伤感染则会降低磺胺类药物的抑菌效果。但临床上可利用药物的拮抗作用以减轻或避免某药物的副作用或解除某药物的毒性反应。

2）重复用药。为了保持药物在血液中的浓度，继续发挥该药的作用，往往需要重复用药。但重复用药可使机体对某一药物产生耐受性，而使药物作用减弱；也可使病原体产生耐药性，而使药效下降或消失。特别是使用抗生素时，在用药剂量和疗程不足的情况下，病原体的耐药性更易产生。

3）配伍禁忌。在配伍用药中，2种或2种以上的药物相互混合后，有可能产生物理、化学反应，使药物在外观或药理性质上产生变化，称为配伍禁忌。相互有配伍禁忌的药物不能混合使用。

(6) 注意给药次数与间隔时间 给药次数取决于病情，一般为每天2~3次。重复用药不见效时应改变治疗方案或更换药物。给药间隔时间取决于药物消除速度。健胃药宜在饲喂前给药，有刺激性的药物宜在饲喂后给药。

(7) 防止病原菌产生耐药性 许多养羊场反映，用抗菌药给羊治病，给药的剂量越来越大，但疗效越来越差，其原因主要是细菌对药物的耐药性增强了。羊群长期服用抗生素后会产生不同程度的耐药性，以致再用同类药物治疗羊病的效果变差。

(8) 疫苗接种期内慎用药物 在接种弱毒活疫苗前后5天内，禁止使用对疫苗敏感的药物、激素制剂（如地塞米松、氢化可的松等），并避免用消毒剂饮水，以防因杀死或抑制疫苗中活的细菌和病毒而造成免疫失败。在疫苗接种期可选用抗应激和提高免疫能力的药物，如维生素类、高效微量元素及某些具有免疫促进作用的中药制剂等，以提高免疫效果。

六、疫情监测及发生传染病时的应急措施

1. 及时准确诊断

羊群中有羊发生疾病时，应当立即找兽医赶赴现场进行全面检查，尽快地确诊，并积极寻找发病的原因，以免延误治疗的最佳时机并导致疾病加重。如果确诊为传染性疾病，兽医和畜主要立即向上级主管部门报告疫情，并迅速采取隔离和封锁措施，防止疾病发生扩散。

2. 加强隔离卫生

(1) 隔离 隔离是将患病羊和可能患病的羊分别控制在一个有利于防疫和管理的单独环境中饲养和进行防疫处理，以达到将疾病控制在最小的范围内消灭的目的，减少疾病扩散的机会。一般情况下，要对病羊所在的羊群进行全面的检查，将羊群划分为已患病羊群、疑似感染羊群和可能健康羊群。

1）已患病羊群。已患病羊群就是从羊群中挑选出具有明显临床症状或感染表现的羊组成的群体。在挑选过程中一定要做到一定时间内反复挑选，尽量全部挑出。对已挑选出的患病羊，应该选择在一个远离正常动物、消毒处理方便、不易扩散病原体，并且处于羊场下风口的偏僻圈舍内隔离饲养。

将已患病羊群隔离后采取的措施：及时采取正确的药物和给药手段进行治疗；派专人负责看管隔离羊群，禁止闲杂人员和其他动物接近，以免扩散病原体；专业人员出入要遵守严格的消毒制度，做好个人防护；内部环境和用具要经常消毒；粪便和污物不经过妥善处理不

得运出隔离地；加强饲养护理工作。

2）疑似感染羊群。疑似感染羊群就是那些表面无任何发病表现，但与发病羊处于同一个圈舍内，进行过充分接触或与患病羊的污染物进行过接触的羊组成的群体。这些羊很可能处于疾病的潜伏期。疑似感染的羊群要另选场地进行隔离饲养，隔离期间应由专人看护并且严密观察，一旦发现患病羊，应当立即另行隔离。同时要进行紧急免疫接种或预防投药。

3）可能健康羊群。可能健康羊群就是同一羊场中其他圈舍的羊群。这些羊也应隔离饲养，并且加强防疫消毒和相应的保护措施，如药物预防或紧急免疫接种，同时加强饲养管理。

(2) 封锁　封锁是指羊场内发生一类动物疫病或外来疫病时，为了防止疫病扩散及安全区健康羊群的误入，而采取的划区隔离、扑杀、销毁、消毒和紧急免疫接种等强制性措施。

1）羊群中发生流行猛烈、危害较大的传染病时，应该请兽医根据该疫病的流行特点、疫情状况和当地的具体条件，划定疫点、疫区、受威胁区，并采集病料样品，调查传染源及其分布，当确诊为一类动物疫病或外来疫病时，政府部门应尽早确定封锁行动和相应的强制性措施：

① 禁止人员、车辆、动物的出入和动物产品及可能被污染的物品运出。特殊情况下人员必须出入时，需经过兽医人员许可并经严格消毒后方可出入。

② 对病死羊及同群羊采取扑杀、销毁及无害化处理措施。

③ 疫点出入口应设置消毒设施，疫点内的用具、圈舍、场地等应严格消毒。

④ 疫点内的粪便、垫草及受污染的物品、草料等应在兽医人员的监督指导下进行无害化处理。

2）疫区应采取的强制性措施：

① 在交通要道要设立检疫消毒卡，监督动物及其产品的移动，对出入人员、车辆实施消毒。

② 停止集市贸易和动物及其产品的交易。

③ 对羊群进行检疫或紧急预防接种，限制羊群的活动。

3）受威胁区的主要防御性措施：
① 羊群应该进行紧急预防接种，以建立免疫隔离带。
② 防止其他羊只进入疫区，避免羊群饮用经过疫区的水源。
③ 禁止购买封锁区内的动物、动物产品和草料。

3. 消毒

对病羊所在的圈舍、牧地、用具及接触过的场地和物品进行消毒。病羊的隔离舍应每天多次消毒，以防病原体的扩散和传播；对羊舍和病羊停留过的地方应铲除表层土壤，特别是有病死羊的场所，小面积的可用2%～4%氢氧化钠溶液消毒。

4. 淘汰与治疗

(1) 病羊的治疗　由于羊病种类多，发病原因复杂，表现各异，因此在治疗时所采取的具体措施也不完全相同。但必须同时注意以下几点：治疗必须及早进行，不能拖延时间，以免造成更大的损失；在治疗方法上，既要考虑针对发病原因，又要帮助动物机体增强抵抗力，调整和恢复正常生理机能，采取综合性的治疗措施；在发生传染病时，必须在严格隔离的条件下进行治疗，同时一定要注意消毒，保持环境的清洁卫生，防止病原体的扩散和传播。

一般情况下将疾病的治疗分为对因治疗和对症治疗。对因治疗是针对疾病的发病原因进行的治疗；而对症治疗是针对疾病的临床症状进行的治疗。无论哪种治疗都少不了要使用药物和制剂。由于羊的传染病种类多、危害大、治疗困难，所以下面主要介绍羊传染病的治疗方法。

1）针对病原体的治疗。这是帮助动物体杀灭或抑制病原体，消除其致病作用的重要方法。

① 特异性疗法。应用针对某种传染病的高免血清、痊愈血清等特异性生物制剂进行治疗，这些制品只对某种特定的传染病有疗效，而对其他疾病无效，故称为特异性疗法。例如，破伤风抗毒素只能治疗破伤风，对其他病无效。高免血清主要用于对某些急性传染病的治疗，如羊破伤风等。一般在病的早期注射足够剂量的高免血清常能获得满意的效果；大量注射耐过动物的血清或血液也可以起到一定的治疗作用。

② 抗菌药物疗法。各种抗菌药物在兽医临床上的应用非常普遍，是细菌性传染病的主要治疗药物，并已获得显著的疗效。现就如何合理地应用抗菌药物，充分发挥抗菌药物疗效，提出几点注意事项：首先要了解各种抗菌药物的适应证，应根据临床诊断结果选择适宜的药物，最好根据药敏试验的结果选择对本病敏感的药物用于治疗。其次要考虑到药物用量、疗程、给药途径、不良反应等问题。剂量应足够，用药途径和疗程应适当，防止产生耐药性菌株，疗程一般控制在3~5天。应注意观察药物可能产生的不良反应，以便及时停药或换药；另外应避免未查明病因而盲目用药、有病无病长期重复用药，以免引起二重感染或药物在羊肉内的残留。最后还应注意抗菌药物的联合应用和配伍禁忌问题，如青霉素与链霉素合用有协同作用，而红霉素与林可霉素合用有拮抗作用。

③ 中草药疗法。一些中草药具有抗应激、抗菌、抗病毒和促生长等多种作用，而且中草药具有毒副作用小、在产品中不出现残留、效果持久等优点，在羊病的治疗实践中显现出明显的效果，因此在临床实践中可以有选择地使用。

2）针对动物机体的疗法。

① 对症疗法。对症疗法是为了缓解或消除病羊的临床症状而进行的治疗方法。常用的对症疗法有退热、止痛、止血、强心、利尿、缓泻、补液、平喘、助消化、防止酸或碱中毒、调节电解质平衡，以及某些急救手术和局部治疗等。在临床实践中应根据具体情况选择使用，以便促进病羊的快速康复。

② 护理疗法。对病羊护理工作的好坏，直接关系到治疗的效果，是治疗工作的基础。因此必须给羊提供良好的食宿条件，如提供新鲜易消化的饲料，供给充足的饮水；羊舍必须冬暖夏凉、通风良好、清洁干燥、随时消毒、环境安静等。

（2）病羊的淘汰 当病羊所患疾病已无法治愈，或估计治疗成本高于病羊本身经济价值，或病羊对周围的人畜有严重的传染威胁，或发生了一种危害较大的新病时，则应在严格消毒的情况下将病羊尽早淘汰。对养殖场而言，不惜一切代价地挽救患病羊只的生命是毫无意义的，应当首先把经济利益考虑在内。对人畜危害大的病死羊要深

埋或烧毁。

七、定期组织驱虫

为了预防羊的寄生虫病，应在发病季节到来之前，用药物给羊群进行预防性驱虫。驱虫的时机要根据寄生虫常发的季节而定。

预防性驱虫所用的药物有多种，应根据寄生虫病的流行情况而定。阿苯达唑具有高效、低毒、广谱的优点，对于羊常见的胃肠道线虫、肺线虫、肝片吸虫和绦虫均有效，可同时驱除混合感染的多种寄生虫，是较理想的驱虫药物。

使用驱虫药物时，要求剂量准确，并且要先做小群驱虫试验，取得经验后再全群驱虫。如在驱虫过程中发现病羊，应进行对症治疗。还要及时解救中毒的羊。

药浴是防治羊体外寄生虫病，特别是螨病、蜱病的有效措施，多在剪毛后10天进行。药浴液可用1%敌百虫溶液、溴氰菊酯50~80毫克/千克，也可以用石硫合剂。药浴可以在药浴池内进行，也可以进行淋浴，或者进行盆浴。

第四节　山羊疾病防治的常用药物

一、用于消毒的药物

1. 含氯消毒剂

含氯消毒剂是指在水中能产生具有杀菌作用的活性次氯酸的一类消毒剂，包括有机含氯消毒剂和无机含氯消毒剂。目前生产中常用的含氯的消毒剂为含氯石灰。

含氯石灰（漂白粉）含有效氯25%~30%，为白色颗粒性粉末，有氯臭，久置空气中失效，大部分溶于水和乙醇。10%~20%的悬浮液用于环境消毒；饮水消毒时每50升水加1克本品；1%~5%的澄清液用于食槽、玻璃器皿、非金属用具消毒等，宜现配现用。

2. 碘类消毒剂

碘类消毒剂是碘与表面活性剂（载体）及增溶剂等形成的稳定络合物。常用的碘类消毒剂有：

(1) 碘酊（碘酒） 碘酊为碘的乙醇溶液，红棕色液体，微溶于水，易溶于乙醚、氯仿等有机溶剂，杀菌力强。2%～5%的碘酊用于皮肤消毒。

(2) 碘附（络合碘） 碘附为红棕色液体，随着有效碘含量的下降逐渐向黄色转变。碘附是碘与表面活性剂及增溶剂形成的不定型络合物，其实质是一种含碘的表面活性剂，性质稳定，对皮肤无害。0.5%～1%的碘附用于皮肤消毒剂；每升水中加入10毫升本品可用于饮水消毒。

(3) 聚维酮碘溶液 聚维酮碘溶液为红棕色液体，通过不断释放游离碘，破坏病原微生物的新陈代谢而使之死亡，对细菌、病毒和真菌均有良好的杀灭作用。5%的聚维酮碘溶液可用于皮肤消毒；0.1%的聚维酮碘溶液用于黏膜及创面冲洗消毒。

3. 醛类消毒剂

醛类消毒剂能产生自由醛基，在适当条件下与微生物的蛋白质及某些其他成分发生反应。常用的醛类消毒剂有：

(1) 福尔马林 福尔马林是含40%甲醛的水溶液，无色、有刺激性气味，对细菌繁殖体及芽孢、病毒和真菌均有杀灭作用，被广泛用于防腐消毒。1%～2%的福尔马林用于环境消毒，与高锰酸钾配伍熏蒸羊舍等时可使用不同的浓度。

(2) 戊二醛 戊二醛为无色油状液体，味苦，有微弱甲醛气味，挥发性较低，可与水、酒精做任意比例的稀释，溶液呈弱酸性。碱性的戊二醛溶液有强大的灭菌作用。2%的戊二醛水溶液，用0.3%碳酸氢钠调整pH在7.5～8.5范围可用于消毒。

4. 氧化剂类消毒剂

氧化剂类消毒剂是一些含不稳定结合态氧的化合物。常用的氧化剂类消毒剂有：

(1) 过氧乙酸 过氧乙酸为无色透明酸性液体，易挥发，具有浓烈刺激性气味，不稳定，对皮肤、黏膜有腐蚀性。本品对多种细菌和病毒杀灭效果好，0.1%～0.5%的过氧乙酸溶液可用于擦拭物品表面；0.5%～5%的过氧乙酸溶液用于环境消毒；0.2%的过氧乙酸溶液用于器械消毒。

(2) 过氧化氢　过氧化氢无色透明，无异味，微酸苦，易溶于水，在水中分解成水和氧，可快速灭活多种微生物。1%～2%的过氧化氢用于创面消毒；0.3%～1%的过氧化氢用于黏膜消毒。

(3) 高锰酸钾　高锰酸钾为紫黑色结晶或结晶性粉末，无臭，易溶于水，其水溶液因浓度不同而呈暗紫色至粉红色。低浓度的高锰酸钾溶液可杀死多种细菌的繁殖体；高浓度的高锰酸钾溶液在24小时内可杀灭细菌芽孢。本品在酸性环境中杀菌作用明显提高。0.1%的高锰酸钾溶液可用于饮水消毒，也可用于创面和黏膜消毒；0.01%～0.02%的高锰酸钾溶液用于消化道清洗、子宫冲洗等；0.1%～0.2%的高锰酸钾溶液用于体表消毒。

5. 酚类消毒剂

酚类消毒剂是消毒药物中种类较多的一类化合物。常用的酚类消毒剂有：

(1) 甲酚皂溶液（来苏尔、来苏儿）　甲酚皂溶液为黄棕色至红棕色的液体，毒性较低。3%～5%甲酚皂溶液用于环境消毒；5%～10%甲酚皂溶液用于器械消毒、处理污染物；2%甲酚皂溶液用于术前、术后和皮肤消毒。

(2) 苯酚（石炭酸）　苯酚为无色至微红色的针状结晶或结晶性块，有特臭，有引湿性，水溶液显弱酸性反应，遇光或在空气中颜色逐渐变深。3%～5%苯酚溶液用于环境与器械的消毒。

6. 表面活性剂

表面活性剂又称清洁剂或除污剂。常用的表面活性剂有：

(1) 苯扎溴铵（新洁尔灭）　一般为5%的苯扎溴铵水溶液，为无色或浅黄色液体，振摇产生大量泡沫。对革兰阴性菌的杀灭效果比对革兰阳性菌的强，能杀灭有囊膜的亲脂病毒，不能杀灭亲水性细菌、芽孢、结核菌，易引起耐药性。皮肤、器械消毒用0.1%的苯扎溴铵溶液，黏膜、创口消毒用0.02%以下的苯扎溴铵溶液，0.5%～1%的苯扎溴铵溶液用于手术局部消毒。

(2) 癸甲溴铵溶液（百毒杀）　癸甲溴铵溶液为无色、无味、无刺激性的溶液。本品性质稳定，不受环境酸碱度、污水硬度等的影响，可长期保存，且适用范围广。用水按一定比例消毒。饮水消毒，

1：(2000～4000)，可长期使用；羊舍及带羊消毒，日常1：600，疫病期间1：(200～400)喷雾消毒。

7. 醇类消毒剂

醇类消毒剂可使蛋白质变性沉淀，能快速渗透过细菌进入菌体内，溶解破坏细菌细胞，抑制细菌酶系统，阻碍细菌的正常代谢，从而快速杀灭多种微生物。常用的醇类消毒剂为乙醇。

乙醇为无色透明液体，易挥发，易燃，可与水以任意比例混合。无水乙醇含乙醇量为95%以上。主要通过使细菌菌体蛋白凝固并脱水而发挥杀菌作用。70%～75%乙醇杀菌能力最强，但对组织有刺激作用。70%～75%乙醇用于皮肤、手背、注射部位和器械及手术的消毒，不能用于黏膜的消毒。

8. 强碱类消毒剂

碱类物质中的氢氧根离子可以水解蛋白质和核酸，使微生物的结构和酶系统受到损害，同时可分解菌体中的糖类而杀灭细菌和病毒，但其腐蚀性也强。常用的碱类消毒剂有：

(1) 氢氧化钠（火碱） 氢氧化钠为白色干燥的颗粒、棒状、块状结晶，易溶于水和乙醇，易吸收空气中的二氧化碳形成碳酸钠或碳酸氢钠盐。对细菌繁殖体、芽孢和病毒有强大的杀灭作用，且随浓度增大作用增强。2%～4%的氢氧化钠溶液可杀死病毒和繁殖体细菌，热溶液用于喷洒或洗刷消毒，如对羊舍、仓库、墙壁、工作间、运输车辆等的消毒；5%的氢氧化钠可用于炭疽消毒。

(2) 生石灰（氧化钙） 生石灰为白色或灰白色块状或粉末，无臭，易吸水，加水后生成氢氧化钙。加水配制成10%～20%石灰乳，可涂刷羊舍墙壁、栏杆等消毒。

(3) 草木灰 新鲜草木灰主要含氢氧化钾。20%～30%草木灰可用于圈舍、运动场、墙壁及料槽的消毒。

【提示】

羊场至少要配备2～3种不同类型的消毒剂，并且要注意羊场中消毒的频率、消毒的方法和浓度，以及定期更换不同类型的消毒剂。

二、用于山羊机体的药物

1. 青霉素

青霉素种类很多,常用的是青霉素钾盐和钠盐,主要对革兰阳性菌有较大的抑制作用,肌内注射可治疗链球菌病、羔羊肺炎、气肿疽。治疗用量:肌内注射20万~40万国际单位,每天2次,连用3~5天,不宜与四环素、卡那霉素、庆大霉素、磺胺类药物配合使用。

2. 链霉素

链霉素主要对革兰阴性菌具有抑制和杀灭作用,对少数革兰阳性菌也有作用,口服可治疗羔羊腹泻,肌内注射可治疗乳腺炎、羔羊肺炎及布鲁氏菌病等。治疗用量:羔羊口服0.2~0.5克,成年羊注射50万~100万国际单位,每天2次,连用3天。

3. 恩诺沙星

本品为广谱杀菌药,对支原体有特效,对大肠杆菌、沙门菌、多杀性巴氏杆菌、溶血性巴氏杆菌、链球菌都有杀菌效用。治疗用量:肌内注射1次量,每千克体重2.5毫克,每天1~2次,连用2~3天。

4. 硫酸庆大霉素注射液

本品为无色至微黄色或微黄绿色的澄明液体。对多种革兰阴性菌(如大肠杆菌、巴氏杆菌、沙门菌)和金黄色葡萄球菌均有抗菌作用。可用于革兰阴性菌细菌感染的治疗。治疗用量:肌内注射1次量,每千克体重0.1~0.2毫升,每天2次,连用3天。

5. 复方氨基比林注射液

本品为无色至浅黄色的澄明液体。主要用于动物的解热和抗风湿。治疗用量:肌内、皮下注射1次量,5~10毫升。

6. 安乃近注射液

本品为无色至微黄色的澄明液体,解热作用较显著,镇痛作用也很强,并有一定的消炎和抗风湿作用。主要用于解热镇痛。治疗用量:肌内注射1次量,3~5毫升。长期使用可引起粒细胞减少。

7. 敌百虫

敌百虫为广谱杀虫、驱虫药,对多种寄生虫都有作用。外用能杀灭蚊、蝇、蜱、虱及治疗螨虫病;内服能驱除体内的多种线虫等。治疗用量：内服，配制成 10%～20% 的敌百虫溶液，每千克体重 0.08～0.10 克；外用，治疗疥癣时可用 0.1%～0.5% 的敌百虫溶液。

8. 阿苯达唑（丙硫咪唑）

阿苯达唑可用于防治胃肠道线虫、肺线虫、肝片吸虫和绦虫有效，对所有的消化道线虫的成虫驱除效果最好。治疗用量：内服，每千克体重 10～15 毫克。

9. 阿维菌素（虫克星）

阿维菌素用于驱杀体内外线虫、螨、虱、蝇蛆等。治疗时 1 次用量为每千克体重 0.1 克；用于杀灭体外寄生虫时，宜在 7～10 天后再次重复给药 1 次。

三、药物配伍禁忌

2 种以上的药物同时使用时，可以互不影响，但在许多情况下，两药合用总有一药或两药的作用受到影响，其结果可能是：一是协同作用；二是拮抗作用；三是毒性反应。在联合用药时，应尽量利用协同作用以提高疗效，避免出现拮抗作用或产生毒性反应。药物配伍禁忌见表 7-2。

表 7-2　药物配伍禁忌表

类别	药物	禁忌配合的药物	变化
抗生素	青霉素	酸性药液，如盐酸氯丙嗪、四环素类抗生素的注射液	沉淀、分解失效
		碱性药液，如磺胺类药、碳酸氢钠的注射液	沉淀、分解失效
		高浓度酒精、重金属盐	破坏失效
		氧化剂，如高锰酸钾	破坏失效
		速效抑菌剂	疗效减弱
	链霉素	较强的酸性、碱性溶液	破坏失效
		氧化剂、还原剂	破坏失效
		黏菌素	骨骼肌松弛
	四环素类抗生素	中性及碱性溶液	分解失效
		生物碱沉淀剂	沉淀失效
		阳离子	形成不溶性难吸收络合物

(续)

类别	药物	禁忌配合的药物	变化
化学合成抗菌药	磺胺类药物	酸性药物	析出沉淀
		普鲁卡因	疗效减弱或无效
		氯化铵	对肾脏毒性增大
	喹诺酮类药物,如环丙沙星	金属阳离子	形成难吸收的络合物
		强酸性药液或强碱性药液	析出沉淀
消毒防腐药	含氯石灰	酸类	分解放出氯
	酒精	氧化剂、矿物质等	氧化、沉淀
	碘及其制剂	氨水、铵盐等	生成爆炸性碘化氮
		重金属盐	沉淀
		生物碱类药物	析出生物碱沉淀
		淀粉	呈蓝色
		甲紫	疗效减弱
		挥发油	分解失效
	高锰酸钾	氨及其制剂	沉淀
		甘油、酒精	失效
	过氧化氢	碘及其制剂、高锰酸钾、碱类	分解失效
	过氧乙酸	碱类,如氢氧化钠、氨溶液	中和失效
抗蠕虫药	左旋咪唑	碱类药物	分解失效
	敌百虫	碱类药物	毒性增强
解热镇痛药	阿司匹林	碱类药物,如碳酸氢钠、氨茶碱、碳酸钠等	分解失效
	水杨酸钠	铁等金属离子制剂	氧化变色
	安乃近	氯丙嗪	体温剧降
	氨基比林	氧化剂	氧化失效

（续）

类别	药物	禁忌配合的药物	变化
健胃及助消化药	胃蛋白酶	强酸、强碱、重金属盐、鞣酸溶液	沉淀
	乳酶生	酊剂、抗菌剂、鞣酸蛋白、铋制剂	疗效减弱
	干酵母	磺胺类药物	疗效减弱
	人工盐	酸性药物	中和、疗效减弱
	碳酸氢钠	酸及酸性物质	中和失效
		鞣酸及其含有物	分解
		生物碱类、镁盐、钙盐	沉淀
泻药	硫酸钠	钙盐、钡盐、铅盐	沉淀
	硫酸镁	中枢神经抑制药	增强中枢神经抑制
抗贫血药	硫酸亚铁	四环素类药物	妨碍吸收
		氧化剂	氧化变质
祛痰药	氯化铵	碳酸氢钠、碳酸钠等碱性药物	分解
		磺胺类药	增强磺胺对肾脏的毒性
	碘化钾	酸类或酸性盐	变色游离出碘

第五节 山羊疾病治疗的基本方法

一、口服给药法

对羊只进行预防性用药，多数采用口服给药法。如病羊尚有食欲，药量较少并且无特殊气味，可将药物混入饲料或饮水中让其自由采食；但对于饮欲、食欲废绝的病羊，或投喂量较大且药物有特殊气味的情况，必须采取人工强制投药的方式。

1. 自行采食法

自行采食法多用于大群羊的预防性治疗或驱虫。方法是将药物按一定的比例拌入饲料或饮水中，任羊自行采食或饮水。大群羊用药前，最好先做小群的毒性和药效实验。

2. 灌药法

采用灌药法给药时（图7-1），操作者用一只手从羊的一侧口角伸入打开口腔，另一手持药片、药丸自另一侧口角送入舌面，使羊口腔闭合，待其自行咽下。此法适合片剂、丸剂的投药。

也可用一次性注射器，拔去针头，然后拔出活塞，把要口服的片剂碾成粉末放在纸上，将纸卷成筒把药倒入针管中并注入适量的水，安上活塞，将注射器朝上，推动活塞，排出多余空气，然后晃几下注射器，将药液摇匀，将注射器前端沿羔羊嘴角慢慢捅入，朝口腔后部迅速按下活塞，便可将药剂一滴不漏地推入羊的口腔内。如果要灌服的是药液，只需将药液吸入注射器中，按上述操作即可。此法适合给羔羊灌药。

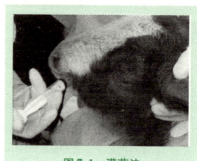

图7-1 灌药法

3. 导管投药法

采用导管投药法时，可用胶管接漏斗投药，由一人保定病羊，另一人将粗细适当的胶管插入病羊口中，用手紧握胶管和口腔，再将药液倒入胶管另一端的漏斗，即可将药液徐徐灌入胃肠。

二、注射法

注射法是治疗羊病和对羊进行免疫接种的最主要的方法，常用的注射方法有肌内注射、静脉注射、皮下注射、皮内注射、瓣胃注射、瘤胃穿刺术等。

1. 肌内注射

肌肉血管丰富，注入药液后吸收很快；另外，肌肉的感觉神经分布较少，注射引起的疼痛较轻，一般药品都可采用肌内注射法给药。肌内注射是将药液注射于肌肉组织中，一般选择在肌肉丰富的臀部和颈侧的厚重肌肉区域注射。注射前应对注射部位进行剪毛消毒，调好注射器，抽取所需药液，然后将针头垂直刺入颈部上1/3处肌内的适当深度，回抽活塞无回血即可注入药液。一般插入深度为2~4厘米，以免针头折断时不易取出。

一般刺激性小、吸收缓慢的药液可采用肌内注射法给药。

2. 静脉注射

静脉注射法是利用药品注入血管后随血流迅速遍布全身、药效发挥迅速、药物排泄快的特点,常用于急救、输血、输液及不能肌内注射的药品。大剂量静脉注射或输液的最好部位是颈部的颈静脉,具体为左侧或右侧颈静脉沟的上 1/3 和中 1/3 交界处。

注射前应保定好羊头并使颈部稍偏向一侧,局部剪毛消毒。注射时术者右手持针,左手紧压颈静脉沟的中 1/3 处,确认静脉充分鼓起后,在按压点上方约 2 厘米处立即给进针部消毒,然后右手迅速将针呈 45 度角刺入静脉内,如准确无误血液呈线状流出,将针头继续顺血管推进 1~2 厘米。术者放开左手,接上盛有药液的注射器或输液管。用输液管输液时可用手持或夹子将输液管前端固定在颈部皮肤上,缓缓注入药液,注射完毕后迅速拔出针头,用酒精棉球压住针孔,按压片刻,最后涂以碘酊。

注射过程中如发现推不动药液、药液不流,或出现注射部位肿胀时,采取如下措施:一是将针头贴到血管壁上,轻轻转动针头,即可恢复正常;二是将针头移出血管外,轻轻转动注射器,稍微后拉或前推,出现回血再继续注射;三是拔出针头后重新刺入。

注射时,羊要确实保定,针刺部位要准确,动作要利索,避免多次刺扎。注入大量药液时速度要慢,以每分钟 30~60 滴为宜,药液应加热至 35~38℃(接近体温),一定要排净注射器或胶管中的空气。

凡是药液量大、刺激性大的药物,以及其他不适宜皮下或肌内注射的药物,多采用静脉注射法给药。

3. 皮下注射

皮下注射就是将药物注入皮下结缔组织中,经毛细血管、淋巴管吸收进入血液,发挥药效作用,达到防治疾病的目的。由于皮下有脂肪层,注入的药物吸收比较慢。注射部位一般在羊颈部侧面皮肤松弛的部位。注射前用 5% 碘酊消毒注射部位,注射时左手食指、拇指捏起皮肤使之成褶皱,右手持注射器,使针头皮肤呈 45 度角刺入皱褶向下陷而出现的陷窝皮下，顺皮下向里深入 2~3 厘米，此时如果感觉针头无抵抗，且能自由活动针头，即可注入药液。为了避免针头误入血管内，应抽一下注射器的活塞，看注射器内是否回血。如果有血液出现，要完全退出针头，在新的部位重新刺入针头。应刚好将药物注入皮肤下面，而不要注入肌肉，注射后用碘酊消毒注射部位并拔出针头。必要时可进行局部轻度按摩，促进药液吸收。

凡是易于溶解的药物、无刺激性的药物及疫苗等，均可进行皮下注射。

4. 皮内注射

皮内注射方法为接种羊痘等疫苗的常用方法，注射部位为颈部皮肤或尾根两侧皮肤。注射时左手将皮肤捏成皱褶，右手持 1 毫升注射器和 7 号左右针头，几乎使针头和注射皮面呈平行刺入，针进入皮内后，左手放松，右手推注。进针准确时，注射后皮肤表面呈一小圆丘状。

5. 瓣胃注射

瓣胃注射的目的是治疗羊瓣胃阻塞，注射部位为右侧第 8~9 肋间的肩关节水平线上下各 2 厘米处。注射时用 18 号针头在上述部位刺入，针头向左侧肘头方向进针，刺破皮后，再用手辅助依次刺入肋间肌和瓣胃，深度一般为 8~12 厘米（视羊的膘情而定），当感觉到有阻力和刺穿瓣胃内草团的"沙沙"声时，表明针已进入瓣胃内，然后在针头后安上盛有灭菌蒸馏水的注射器反复抽吸（注入、吸出），当针管内有浅绿色或浅黄色胃内物时说明针已插入瓣胃，然后注入生理盐水 10~15 毫升，并倒抽所注液体 5 毫升左右，将药物注入其中，注完后用手指堵住针尾，慢慢拔出针头，术部涂以碘酊。

6. 瘤胃穿刺术

瘤胃穿刺术主要用于瘤胃急性臌气时放气。通常穿刺术只能从左肷部进行，不需要进行局部麻醉。由髂骨外角向最后肋骨引出一水平线，此线的中央即为刺入的位置，或者从左肷部臌胀最高之处刺入。刺入之前先将术部剪毛并涂以碘酊，用小刀在皮肤上划 1 个十字形小口，然后刺入套管针（或大号针头）。如果套管针的尖端非常锐利就不需要切开皮肤。将套管针由后上方向下朝对侧肘部刺入，直到感觉针尖没有抵抗力时为止，抽出针芯，将气体缓慢放出。在放气过程中，应该用手指不时遮盖套管的外孔，慢慢地间歇性地放出气体，以免放气太快引起局部贫血。泡沫性臌气时放气比较困难，应及时注入食用油消灭泡沫，使气体容易放出；如果套管被食块堵塞，必须插入探针或针芯疏通管腔。当臌气消失、气体已经停止大量排出时，必须通过套管向瘤胃腔内注入 0.5%～1% 福尔马林溶液 30 毫升左右。最后拔出套管，先将针芯插入套管，然后将针芯和套管一起慢慢拔出，使创口易于收缩。

第六节　羊病的临床诊断技术

羊对于疾病的抵抗力比较强，羊在发病初期症状表现不明显，不易被及时发现，一旦发病，往往病情已经比较严重了。因此，饲养人员要经常细心观察羊群，以便及时发现病羊，及早治疗，以免耽误病情，造成重大损失。

临床诊断技术是诊断羊病最常用的方法。通过问诊、视诊、嗅诊、触诊、听诊和叩诊综合起来加以分析，往往可以对疾病做出正确的诊断，或为进一步确诊提供依据。

一、问诊

问诊是通过询问饲养人员，了解羊发病的有关情况。询问的内容一般包括发病时间、发病数量、异常表现、以往的病史、治疗情况、免疫接种情况、饲养管理情况，以及羊的年龄、性别等。但在听取其回答后，还应考虑所谈的情况与当事人的利害关系（责任），分析内容的可靠性。

二、视诊

视诊就是观察病羊的表现。视诊时，最好先在距离病羊几步远的地方观察羊的肥瘦、姿势、步态等情况，然后靠近病羊详细看被毛、皮肤、黏膜、结膜，以及排粪、排尿等情况。

1. 肥瘦

一般急性病，如急性臌气、急性炭疽等，病羊身体仍然肥壮；相反，一般慢性病如寄生虫病等，病羊身体多瘦弱。

2. 姿势观察

看病羊的一举一动是否与平时相同，如果不同就可能是有病的表现。有些病表现出特殊姿势，如破伤风表现四肢僵硬，行走不便，不灵活。

3. 步态

一般健康羊步行活泼而稳定。羊患病时常表现行动不稳，不喜欢行走。当羊的四肢肌肉、关节或臀部发生疾病时，则表现为跛行。

4. 被毛和皮肤

健康羊的被毛平整、不易脱落、富有光泽。在病理状态下，羊的被毛粗乱蓬松、失去光泽，而且容易脱落。患有螨病的羊，患部被毛可能成片脱落，同时皮肤变厚变硬，出现蹭痒和擦伤。在检查皮肤时，除了注意皮肤的颜色外，还要注意有无水肿、炎性肿胀、外伤及皮肤是否温热等。

5. 黏膜

一般健康羊的眼结膜、鼻腔、口腔、阴道和肛门黏膜光滑、呈粉红色。如口腔黏膜发红，多半是体温升高，身体上有发炎的地方（图7-2）。黏膜发红并带有红点、血丝，或呈现紫色，多是由严重的中毒或传染病引起的。黏膜呈苍白色，多为贫血症；呈黄色，多为黄疸病；呈蓝色，多为肺、心脏疾病。

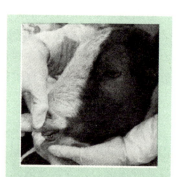

图7-2　口腔黏膜检查

6. 采食、饮水、口腔、排粪、排尿

羊采食和饮水突然增多或减少，以及喜欢舔食泥土、吃草根等，也是有病的表现，可能是由慢性营养不良引起的。反刍减少、反刍无力或停止，表示羊的前胃有病。口腔有病时，如喉头炎、口腔溃疡、舌头有烂伤等，打开口腔就可看出来。

对羊的排泄物也要检查，主要检查粪便的形状、硬度、色泽及附着物等。正常时,羊粪呈小球形,没有难闻的臭味。病理状态下,粪便有特殊臭味,见于各型肠炎;粪便过于干燥,多为缺水和肠迟缓;粪便过于稀薄,多为肠功能亢进;前部肠管出血时粪便呈褐色,后部肠管出血时粪便呈鲜红色;粪内含有大量的黏液表示肠黏膜有卡他性炎;粪便混有完整的谷粒和纤维很粗表示消化不良;粪便混有纤维素膜时表示有纤维素肠炎;混有寄生虫及其节片时表示体内有寄生虫。

排尿方面,正常羊每天排尿 3~4 次。排尿次数和尿量过多或过少,以及排尿痛苦、失禁,都是有病的表现。

7. 呼吸

正常时,羊的呼吸为 12~20 次/分。呼吸次数增加,见于热性病、呼吸系统疾病、心脏衰弱及贫血、腹压增高等;呼吸次数减少,主要见于某些中毒病、代谢障碍、昏迷。另外,还要检查呼吸类型、呼吸节律及呼吸是否困难。

三、嗅诊

诊断羊病时,嗅闻分泌物、排泄物、呼出的气体及口腔气味也很重要。如肺有坏疽时鼻液带有腐败性恶臭;患胃肠炎时粪便腥臭或恶臭;消化不良时可以从呼出的气体中闻到酸臭味;氢氰酸中毒时呼出的气体有苦杏仁味。

四、触诊

触诊是用手指或手指尖感触被检查的部位,并稍加用力,以便确定被检查部位的器官、组织是否正常。触诊常用以下几种方法。

1. 皮肤检查

做皮肤检查时主要检查皮肤的弹性、温度,以及有无肿胀和伤口等。羊的营养状况不好,或得过皮肤病,皮肤就没有弹性。

2. 体温检查(图 7-3)

一般用手摸耳朵或把手由嘴角插进去握住舌头,可以知道病羊是否发热。但最准确的方法是用体温

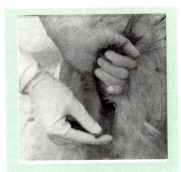

图 7-3 体温检查

计测量体温。在给病羊测体温时,先把体温表的水银柱甩下去,涂上油或水,再慢慢插入肛门,体温计的 1/3 留在肛门的外面,插入后滞留的时间一般为 3~5 分钟。对于羊的体温,羔羊比成年羊高一些,热天比冷天高一些,运动后比运动前高一些,这都是正常的生理现象。羊的正常体温在 38~40℃。如果高于正常体温则为发热,常见于传染病。发热时皮肤的温度会升高。

3. 脉搏检查

做脉搏检查时注意每分钟脉搏跳动的次数和强弱等。检查羊脉搏的部位是用手指摸后肢股内侧动脉。健康羊脉搏跳动次数为 70~80 次/分。羊有病时,脉搏的跳动次数和强弱都与正常值不同。

4. 体表淋巴结检查(图 7-4)

做体表淋巴结检查时注意检查颌下、肩上、膝上、乳房上的淋巴结。当羊发生结核病、伪结核病、羊链球菌病时,体表淋巴结往往肿大,其形状、硬度、温度、敏感性及活动性等也会发生变化。

5. 人工诱咳

做人工诱咳时,检查者站在羊的左侧,用右手捏压气管的前 3

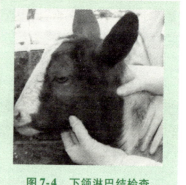

图 7-4 下颌淋巴结检查

个软骨环,羊有病时,就容易引起咳嗽。羊发生肺炎、胸膜炎、结核病时,咳嗽低弱;发生喉炎及支气管炎时,咳嗽强而有力。

五、听诊

听诊是用听觉来判断羊体内正常和有病的声音,最常用的听诊部位是胸部(心脏、肺)和腹部(胃、肠)。听诊方式有直接听诊和间接听诊。直接听诊就是将一块布铺在被检查的部位,然后把耳朵紧贴在布上面直接听羊体内的声音;间接听诊就是用听诊器听诊。不论采用哪一种方式,都应该先把病羊牵到安静的地方,以免受到外界杂音的干扰。

1. 心脏听诊（图7-5）

听心脏跳动的声音时，正常时可听到"嘣、咚"2个交替发出的声音。"嘣"音是心脏收缩所产生的声音，其特点是低、钝、长，叫作第一心音。"咚"音是心脏舒张时所发出的心音，其特点是高、锐、短，叫作第二心音。第一、第二心音均减弱时，见于心脏机能障碍的后期或患有渗出性胸膜炎、心包炎；第一、第二心音都增强时，见于热性病的初期；第一心音增强，第二心音减弱，主要见于心脏衰弱的后期；在正常心音之外还有其他杂音，多数是患有瓣膜疾病、创伤性心包炎、胸膜炎。

图7-5 心脏听诊

2. 肺听诊

肺听诊是听取肺在吸入和呼出空气时由于肺振动而产生的声音。

（1）肺泡呼吸音 健康羊吸气时，在肺部可听到"呋"的声音；呼气时，在肺部可以听到"呼"的声音，称为肺泡呼吸音。肺泡呼吸音过强，多为患有支气管炎、黏膜肿胀等；肺泡呼吸音过弱时，多为患有肺泡肿胀、肺泡气肿、渗出性胸膜炎等。

（2）支气管呼吸音 支气管呼吸音是空气通过喉头狭窄部所发出的声音，听起来类似于"赫、赫"的声音。如果在肺部听到这种声音，多为肺炎的肝变期，见于羊的传染性胸膜肺炎。

（3）啰音 支气管发炎时管内有分泌物，分泌物被呼吸的气体冲击而发出的声音是啰音。啰音可分为干啰音和湿啰音2种。干啰音有咝咝声、笛声、口哨声及猫鸣声等，多见于慢性支气管炎、慢性肺气肿、肺结核等。湿啰音有含漱音、沸腾音、水泡破裂音，多见于肺水肿、肺充血、肺出血、慢性肺炎等。

（4）捻发音 捻发音像用手指捻毛发所发出的声音，多见于慢性肺炎、肺水肿等。

（5）摩擦音 摩擦音有2种。一种是胸膜摩擦音，这种声音类似于一只手贴在耳朵上，用另一只手的手指轻轻摩擦贴耳朵的手的手背所发出的声音，多见于纤维素性胸膜炎、胸膜结核等；另一种是心包摩擦音，当发生纤维素性心包炎时，心包的两叶失去润滑性，因而伴随着心脏的跳动，两叶相互摩擦发出杂音。

3. 腹部听诊

腹部听诊主要听取胃肠运动的声音。健康的羊只，在左肷窝可听到瘤胃蠕动音呈现逐渐增强又逐渐减弱的"沙沙"声，每分钟可听到3～6次。羊患前胃弛缓、热性病时，瘤胃蠕动音减弱或消失。羊的肠音类似于流水声或漱口声，正常时较弱。在羊患肠炎初期，肠音亢进；便秘时，肠音减弱或消失。

六、叩诊

叩诊是用手指或叩诊锤来叩打羊的体表部位或放于体表的垫着物（如手指或垫板），借助其所发出的声音来判断羊身体的活动状态。

叩诊的方法是左手食指或中指平放在要检查的部位，右手中指由第二指关节呈直角弯曲，向左手食指或中指的第二指关节上敲打。

叩诊的声音有清音、浊音、半浊音、鼓音。清音是叩打健康羊的胸廓所发出的持续、高而清的声音。浊音为健康状态下叩打羊的臀部及肩部肌肉时所发出的声音。在病理状态下，当羊的胸腔积聚大量的渗出液时，叩打胸壁时出现水平浊音。半浊音是叩打含有少量气体的组织，如肺的边缘所发出的声音；羊患支气管肺炎时，叩诊就呈半浊音。鼓音是叩打左侧瘤胃处时发出的鼓响音，若瘤胃臌气，则鼓响音增强。

第八章
加强羊病防治,向健康要效益

第一节 常见传染病的防治

一、羊口蹄疫

本病在民间俗称"口疮",是由口蹄疫病毒引起的偶蹄兽的一种急性、热性和高度接触性传染病,以口腔黏膜、蹄部和乳房发生水疱和溃疡为特征。本病传染性极强,对山羊养殖业危害严重。

【流行特点】 口蹄疫病毒有多种血清型,具有较强的环境适应性,不怕干燥,耐低温,对酚类、酒精、氯仿等不敏感,但对日光、高温、酸碱的敏感性很强。本病对多数偶蹄兽均有易感性,其中猪最易感,其次是牛,最后是绵羊和山羊。本病主要通过接触传播或空气传播,传染速度很快,易形成地方流行性,以冬春季节较易发。新疫区发病率可达100%,老疫区发病率达50%以上。

【临床症状】 本病的潜伏期为1周左右。病羊体温升高到40℃以上,精神沉郁,食欲减退,脉搏和呼吸加快。症状多见于口腔,呈弥漫性口黏膜炎,口角常流出带泡沫的口涎,水疱主要见于硬腭和舌面,病羊水疱破溃后,体温即明显下降,症状逐渐好转。蹄部发生水疱时,常因继发性坏疽而引起蹄壁脱落。

【主要病变】 在病羊的口腔、蹄部、乳房等处出现水疱和溃烂斑,消化道黏膜有出血性炎症,心肌色泽较浅,质地松软,心外膜与心内膜可见弥漫性及斑点状出血,心肌切面有灰白色或浅黄色、针头大小的斑点或条纹,称为"虎斑心",以心内膜的病变最为明显。

【诊断】 通过临床症状一般可做出初步诊断。确诊需在国家规定的实验室进行病毒分离鉴定。在临床上本病还需要与羊传染性脓疱及普通口炎等进行鉴别诊断。

【防治措施】

（1）预防　在生产上要加强对羊群的消毒和隔离工作，提倡自繁自养，尽量不从外地购羊，并根据当地流行的病毒血清型选用疫苗，认真做好定期免疫接种工作。每年接种疫苗2次，间隔6个月，每次每只接种1~2毫升。

（2）治疗　按规定，对发病的羊群要采取扑杀和无害化处理。必要时可在严格隔离条件下做一些对症治疗，用3%醋酸或0.2%高锰酸钾溶液对口腔局部病灶进行冲洗，再涂以碘甘油。在蹄部和乳房等部位可直接用碘酊对局部进行洗涤，擦干后再涂以碘甘油。采取上述措施治疗的同时，要配合使用抗生素，以防止发生继发性感染。

二、羊传染性脓疱

本病又称"羊口疮"、羊传染性脓疱皮炎，是由传染性脓疱病毒引起的一种接触性传染病，以口唇、舌、鼻和乳房等部位形成丘疹、水疱、脓疱和结成疣状厚痂为典型特征。

【流行特点】　本病只危害山羊和绵羊，以3~6月龄的羔羊发病率最高，常呈群发性流行，在南方的羊场发病率较高，且在羊群中可造成持续性感染。成年羊较少发病，呈散发状态，主要通过损伤的皮肤或黏膜而感染。本病一年四季均可发生，但以春夏两季发病最多。

【临床症状与主要病变】　本病潜伏期为4~8天，临床上可分为唇型、蹄型和外阴型。

（1）唇型　此型是本病最常见的一种。表现为首先在羊的口角、上唇或鼻镜上出现散在的小红点，逐渐变为丘疹和小结节，继而形成水疱或脓疱，脓疱破溃后形成疣状厚痂，严重时可出现龟裂和出血症状，在痂垢下伴有明显的肉芽组织增生，严重时炎症和肉芽组织增生可波及整个口唇周围及眼眶和耳朵等部位。由于嘴唇肿大和化脓影响了正常采食，造成病羊日渐消瘦，最终衰竭而死。

（2）蹄型　此型表现为病羊的蹄叉、蹄冠皮肤形成水疱或脓疱，破裂后则成为由脓液覆盖的溃疡。如继发感染则发生化脓、坏死，常波及蹄底、蹄骨，甚至肌腱或关节，造成病羊跛行、卧地，病程缠绵，影响病羊的采食和活动。

（3）外阴型　此型较少见。主要表现为病羊的外阴部及其附近皮肤发生溃疡，有时母羊的乳头皮肤及公羊的阴茎鞘皮肤也会出现脓疱和溃疡。

【诊断】　根据春、夏季节散发，羔羊易感，在口角周围出现丘疹、脓疱、结痂及增生性桑葚状痂垢等临床症状可进行初步诊断。要确诊可取水疱液或脓疱液进行病毒的分离培养，也可进行血清学诊断或PCR诊断。在临床上，本病应与羊痘、坏死杆菌病等进行鉴别诊断，同时应注意羊痘与羊传染性脓疱并发感染的情况。

【防治措施】

（1）预防　饲养管理过程中要保护羊只皮肤和黏膜不受损伤，及时清除饲草中的芒刺和尖锐食物，一旦发现病羊要及时隔离治疗，在本病流行地区可用羊传染性脓疱皮炎活疫苗进行预防接种，口唇黏膜内注射。

（2）治疗　对于唇型病羊可使用水杨酸软膏将痂垢软化，除去痂皮后用0.2%高锰酸钾溶液冲洗创面，再涂以2%的甲紫溶液、碘甘油等，直至痊愈。对于蹄型病羊可用过氧化氢（双氧水）清洗局部化脓灶后再涂上碘甘油，有时也可以直接用5%碘酊涂擦患部，直至痊愈。

三、山羊痘

本病是由山羊痘病毒引起的一种急性、热性、高度接触性传染病，是世界动物卫生组织规定的A类疫病，以羊的嘴唇、口腔的黏膜和无毛或少毛部位的皮肤发生痘疹为特征。

【流行特点】　本病只感染山羊，各种日龄均可发生，一般冬末春初多发，幼龄羊比成年羊容易发病。本病的传染速度很快，易形成地方流行性，发病率可达100%，死亡率为50%~70%，死亡率的高低与羊群的饲养管理水平密切相关。

本病主要经呼吸道传播，也可经受损的皮肤、黏膜感染。气候因素、营养不良和管理不佳等因素可促进本病的发生。

【临床症状】　本病的潜伏期为6~8天。病羊体温高达41~42℃，精神不振、眼结膜潮红、鼻孔流出浆液性或脓性分泌物，随后在头部、外生殖器、四肢及尾内侧皮肤等处相继出现一些红斑和凸出于皮肤表面的丘疹，严重时形成水疱和脓疱，最后结痂。羔羊发病后死亡率高，妊娠母羊发病则可引起流产。

【主要病变】 病羊除全身皮肤出现痘状红疹外，咽喉部和支气管黏膜也可见到痘疹，肺部易并发感染性肺炎，在前胃和皱胃黏膜可见大小不等的球形或半球形坚实结节，单个或融合存在，严重时形成糜烂性溃疡斑。

【诊断】 根据临床症状、病理变化和流行情况可进行初步诊断，确诊需进行病毒分离、培养鉴定，在临床上本病还需与羊传染性脓疱进行鉴别诊断。

【防治措施】

（1）预防 每年定期接种1次山羊痘活疫苗，平时还应做好羊群的定期消毒、病羊隔离等预防措施，坚持自繁自养。

（2）治疗 当发生本病后，对病羊及其同群羊只及时扑杀销毁，并对羊舍、用具等污染场所进行严格消毒，防止病毒扩散。对周边受威胁的羊群或假定健康羊群要紧急接种羊痘活疫苗。对有价值的种羊，在做好羊舍、环境消毒及防止疫情扩散的措施的前提下，可采用退热、消炎等对症疗法与抗病毒处理、局部消毒处理相结合的方法进行治疗。

四、羔羊大肠杆菌病

本病是由致病性大肠杆菌引起的一种新生羔羊的急性传染病，又称羔羊白痢。临床上以剧烈下痢和败血症为主要特征。

【流行特点】 多见于6周龄内的羔羊发病，偶见于3~5月龄的小羊发病。本病主要经消化道感染，病羊常排出白色稀粪。本病发病与气候不好、营养不良和圈舍环境污染等因素有关，冬春季舍饲期间多发。

【临床症状】 本病的潜伏期为1~2天。临床可分为败血型和肠炎下痢型2种。

（1）败血型 此型多见于2~6周龄羔羊，病羊体温高达41~42℃，精神沉郁，有轻微的腹泻或腹泻不明显。有时有神经症状、四肢关节肿胀、疼痛，运动失调，病程短，多数病羊于发病后4~12小时死亡。

（2）肠炎下痢型　此型多见于2~8日龄的新生羔羊，病初病羊体温略高，出现腹泻后体温下降，粪便呈半液状，带有气泡，且有恶臭，羔羊表现起卧不安、腹泻严重的造成脱水衰竭。若不及时治疗，病羊会于1~2天内死亡。

【主要病变】

（1）败血型　此型病羊在胸腔、腹腔、心包内有大量积液，并有纤维素性物质渗出，关节肿大，内有混浊液体，脑膜充血、有许多小出血点。

（2）肠炎下痢型　此型病羊表现为急性胃肠炎变化，真胃、小肠、大肠黏膜充血出血，瘤胃和网胃出现黏膜脱落，胃肠内充满乳状内容物，有时在肠内还混有血液和气泡。肠系膜淋巴结肿胀，切面多汁或充血。

【诊断】　据流行病学特征、临床症状和剖检病变可进行初步诊断。实验室诊断可采集病羊的内脏组织、血液或胃肠内容物进行细菌分离鉴定。在临床上，要注意本病与羔羊痢疾进行鉴别诊断。

【防治措施】

（1）预防　加强对母羊的饲养管理，做好羊舍环境卫生。重视母羊的抓膘、保膘工作，保证新生羔羊健壮、抗病力强。

（2）治疗　对病羔要立即隔离，及早治疗。对被污染的环境、用具要用3%~5%甲酚皂溶液进行消毒。发病后可口服土霉素、新霉素或磺胺类药物等进行治疗，同时配合肌内注射恩诺沙星或磺胺类等药物。对脱水严重的，静脉注射5%葡萄糖盐水，对于出现有兴奋症状的病羔，用水合氯醛0.1~0.2克加水灌服。

五、羊布鲁氏菌病

本病是由布鲁氏菌引起的主要侵害生殖系统的一种人畜共患慢性传染病。本病分布广，易传染给人。羊感染本病后，母羊发生流产，公羊发生睾丸炎。

【流行特点】　各品种、各日龄的羊均可感染本病，其中母羊较公羊易感，且随着性成熟，易感性会逐渐增强。本病的主要传播途径是经消化道，也可在配种时经黏膜接触感染。在羊群中，发病初期仅见少数妊娠羊流产，随后逐渐增多，严重时流产率可达90%。

【临床症状】 本病的多数病例为隐性感染。羊流产前一般无明显的前兆，多数表现为少量减食，阴门流出黄色黏液，有时羊群可并发关节炎、乳腺炎等病症。流产多发生在母羊妊娠后的3~4个月，母羊流产后迅速恢复正常食欲。

【主要病变】 病羊的胎衣呈黄色胶冻样浸润，有些胎衣覆有黏稠状物质，胎盘有出血、水肿病变。流产胎儿主要为败血症病变，浆膜和黏膜可见出血点或出血斑，皮下和肌肉间发生浆液性浸润，脾脏和淋巴结肿大，肝脏中有坏死灶。公羊可发生化脓性睾丸炎和附睾炎，睾丸肿大，后期睾丸萎缩。

【诊断】 根据流行病学特征，流产胎儿、胎衣的病理损害等可进行初步诊断。实验室诊断可通过血清平板凝集试验进行确诊。

【防治措施】

(1) 预防 坚持预防为主，自繁自养，严禁从疫区引进种羊。必须引进种羊或补充羊群时，要严格进行检疫和隔离，对阳性和可疑病羊要及时隔离淘汰。定期对羊群进行抽血普查，一旦发现病羊，立即淘汰，并做好用具和场所的消毒工作，以及流产胎儿、胎衣、羊水和产道分泌物的无害化处理。

(2) 治疗 本病无治疗意义，一般不治疗。若要治疗可选用土霉素、磺胺类药物，但本病不易根治，一段时间后易复发。

六、羊传染性角膜炎

本病又称红眼病，主要是由莫拉菌引起的羊的一种高度接触性急性传染病，以发生结膜炎、角膜炎、流泪和角膜混浊等为特征。

【流行特点】 本病主要发生在山羊，各种日龄的羊均可发病，以秋季发病率最高，发病率高低与羊群的饲养管理水平、卫生条件及是否及时隔离病羊有密切关系。

【临床症状和主要病变】 本病的潜伏期为2~7天。病羊病初表现为畏光流泪、眼睑肿胀、疼痛，随后眼角膜潮红、角膜周围血管充血，接着羊角膜出现灰白色混浊或角膜中央有灰白色小点，严重者角膜增厚并发生溃疡或穿孔现象，继而出现失明症状。多数病羊只有一侧眼患病，少数出现双侧眼睛都感染。眼球化脓的羊只体温稍微升高，食欲减退，精神沉郁，被毛粗乱，常离群呆立，行动不便,行走时易摔倒,或因眼睛看不见而影响采食,导致机体消瘦、衰竭死亡。

【诊断】 在临床上根据流行特点和症状可进行初步诊断,必要时可采集结膜囊内的分泌物进行细菌分离培养鉴定来确诊。

【防治措施】

(1) 预防 管理上要尽量减少强光和尘埃对眼睛的刺激,对发病羊要及时隔离治疗,并加强羊舍的消毒工作。

(2) 治疗 对病羊的眼睛要先用2%~4%硼酸溶液清洗,拭干后用醋酸氢化可的松滴眼液滴眼,2次/天;或者使用每毫升含有5000国际单位的普鲁卡因青霉素滴眼,每天2次。

七、羊沙门菌病

本病又称羊副伤寒,是由鼠伤寒沙门菌、羊流产沙门菌和都柏林沙门菌引起的,临床上以血性下痢和妊娠母羊流产为特征的一种羊的急性传染病。

【流行特点】 不同年龄、性别和品种的羊均可感染本病,其中以断奶或刚断奶的羊和妊娠后期的母羊较易感染。本病主要通过消化道和呼吸道感染,传染源是病羊或带菌羊。本病发病没有明显的季节性,育成期羔羊常在夏季和秋季发病,妊娠母羊主要在晚冬、早春季节发生流产,多呈散发性或地方流行性。

【临床症状】 自然发病病例潜伏期为1~2天。临床上分为下痢型和流产型。

(1) 下痢型 多见于羔羊,病羊病初精神沉郁,体温升高至40~41℃,大多数病羊出现腹痛症状,腹泻、排出大量带有黏液的稀粪,有恶臭,粪便常污染后躯,迅速出现脱水症状。有的病羊表现呼吸急促,流出黏液性鼻液。若治疗不及时,病羊可在1~5天内死亡。本病发病率为30%,死亡率为25%左右。

(2) 流产型 病羊多在妊娠的最后2个月发生流产或产死胎,流产前后数天阴道有分泌物流出,体温升高至40~41℃。感染沙门菌的母羊,其体内的病菌可经血液传给胎儿,使胚胎受到损害而死亡;有的病羊产出的活羔极度衰竭,一般1~7天后死亡。严重时发病母羊流产率可达60%左右。

【主要病变】

（1）下痢型　病羊后躯被毛、皮肤常被稀粪污染，大多数组织脱水。真胃和肠道内空虚，肠黏膜附有黏液，并含有小血块，胆囊肿大，胆汁充盈，肠系膜淋巴结肿大、充血，心内膜和外膜上有小出血点。

（2）流产型　病羊所产胎儿死亡或生后几天内死亡，呈败血症变化。组织水肿、充血，肝脏、脾脏肿大，有灰白色坏死病灶，胎盘水肿、出血。死亡的母羊呈急性子宫炎症状，子宫肿胀，内含有凝血块及坏死组织，并有渗出物和滞留的胎盘。

【诊断】　根据流行病学情况、临床症状和病理变化可进行初步诊断。必要时可取病羊或流产胎儿进行细菌分离鉴定来确诊。在临床上本病应与羔羊痢疾和羔羊大肠杆菌病等进行鉴别诊断。

【防治措施】

（1）预防　在受到本病威胁的地区，可给羊群注射相应的疫苗或在饲料中添加抗菌药物预防。加强饲养管理，保持羊舍清洁卫生，冬季圈舍要保暖，防止感冒，定期进行消毒，避免饲料和饮水受污染。

（2）治疗　发现病羊要及时隔离，选用对本病敏感的药物进行治疗。在发病早期可使用卡那霉素、土霉素、环丙沙星、氟苯尼考和磺胺类药物等进行治疗。

八、羊链球菌病

本病是由溶血性链球菌引起的一种急性、热性、败血性传染病，临床表现为发热、下颌淋巴结与咽喉肿胀、胆囊肿大和纤维素性肺炎。

【流行特点】　本病主要发生于绵羊，山羊也很容易感染。在老疫区多为散发性，在新疫区多见于冬春寒冷季节，多呈地方流行性，本病经呼吸道、消化道和损伤的皮肤而感染。

【临床症状】　本病的潜伏期为 2~5 天。病羊病初精神不振，食欲减少或废绝，反刍停止，步态不稳，体温升高至 41℃ 以上，咽喉部及下颌淋巴结肿大明显，有咳嗽症状，鼻流浆液性或带脓血的分泌物，病程短，病死前会出现磨牙呻吟及抽搐现象。妊娠母羊阴门红肿，有瘀血斑，易发生流产，急性病例呼吸困难，24 小时内死亡。

【主要病变】 剖检病死羊，本病以败血性病变为主，主要表现为尸僵不明显，胸腔积液，内脏广泛出血。内脏器官表面常覆有丝状纤维素样物质。肺实质出血、肝变，呈大叶性肺炎。咽喉扁桃体发炎、水肿、出血、坏死，头颈部淋巴结肿大、出血和坏死。

【诊断】 根据临床症状和剖检变化，结合流行病学调查可进行初步诊断。确诊时可采集内脏器官组织或心血进行涂片染色镜检，可见双球状或 3～5 个菌体连成的短链状细菌，周围有荚膜，革兰染色呈阳性。必要时需进行细菌分离鉴定。临床上本病需与巴氏杆菌病、山羊传染性胸膜肺炎等进行鉴别诊断。

【防治措施】

（1）预防 在本病的疫区，可安排在疫病流行季节来临之前接种疫苗，3 月龄内的羔羊在 14～21 天后再免疫接种 1 次。平时加强对羊群的消毒和病羊隔离工作，做好羊圈及场地、用具的消毒工作。

（2）治疗 发病后，对病羊和可疑羊进行隔离，用青霉素或磺胺类药物治疗，场地、器具等用 10% 石灰乳或 3% 甲酚皂溶液严格消毒，对羊粪及污物等堆积发酵，对病死羊进行无害化处理。

九、羊梭菌性疾病

羊梭菌性疾病是由梭菌属中的细菌所致的一类疾病的总称，包括羊快疫、羊肠毒血症、羊猝狙、羊黑疫、羔羊痢疾等疾病。不同梭菌类型，其易感动物、流行特点、临床症状和病理变化有所不同。

1. 羊快疫

羊快疫是由腐败梭菌引起的主要发生于羊的一种急性传染病，其特点是突然发病和急性死亡，主要病变是真胃出血性炎症。

【流行特点】 本病以 6～18 月龄的绵羊最易感，膘情好的羊更易发病，山羊有时也可发病，以秋冬和初春多发，散发为主。本病发病率较低，但死亡率很高。一般经消化道感染，经外伤感染则可引起恶性水肿。

【临床症状】 病羊突然发病，往往没看到症状即突然死亡，有的病羊离群独处，卧地、不愿走动，表现虚弱和运动失调。个别病程稍长的病例，可见腹胀、腹痛等症状，最后衰弱昏迷而死，一般难以

痊愈。

【主要病变】 病羊死亡后，尸体迅速腐败膨胀，真胃黏膜呈出血性炎症，前胃黏膜也有不同程度的脱落。肠道黏膜有不同程度的充血、出血及溃疡病变，肺、脾脏、肾脏和肠道的浆膜下也可见到出血，胸腔、腹腔、心包有大量积液，剖检后暴露于空气易凝固。

【诊断】 根据本病的流行病学特点、临床症状和病理变化可进行初步诊断，必要时可进行细菌的分离培养。采集新鲜病料进行细菌分离鉴定可确诊。在临床上本病应与炭疽、羊肠毒血症和巴氏杆菌病等进行鉴别诊断。

【防治措施】

（1）预防 加强饲养管理，特别注意不要让羊只受寒感冒和采食带冰霜的饲料。在本病流行区域可使用羊三联四防灭活疫苗进行免疫接种。

（2）治疗 及时隔离病羊，对病程较长者可进行对症治疗和抗菌类药物治疗，对病死羊一律进行无害化处理。

2. 羊肠毒血症

本病又称软肾病，是由 D 型产气荚膜梭菌引起的主要发生于绵羊的一种急性毒血症，其特点是发病急、死亡快，死后肾组织迅速软化。

【流行特点】 本病主要发生于绵羊，以 2～12 月龄且膘情较好的绵羊易发，山羊有时也可发病。本病主要经消化道传染，多为散发，有明显的季节性，多发于春末夏初抢青时或秋末牧草结籽和抢茬时。

【临床症状】 本病表现为突然发病，多数病例不见明显症状，很快倒地死亡。有可见症状的病羊分为 2 种类型。一类以抽搐为特征，病羊倒地后四肢强烈划动，肌肉震颤，眼球转动，磨牙，抽搐，多于 2～4 小时内死亡；另一类以昏迷和安静地死去为特征，病羊步态不稳、倒卧、感觉过敏、流涎、昏迷、角膜反射消失，常在 3～4 小时内安静死去。

【主要病变】 剖检可见肾脏明显肿大，肾皮质柔软如泥，有的甚至呈糊状。小肠黏膜充血、出血，心包积液、内含纤维素絮块，肺出血和水肿，脾脏、胆囊可见不同程度肿大。

【诊断】 根据本病的流行病学特征、临床症状和病理病变情况可进行初步诊断。必要时采取新鲜肾脏或其他实质脏器病料进行细菌的分离鉴定，如在肠内容物中检查到大量的 D 型产气荚膜梭菌有助于确诊，临床上本病应与羊快疫、羊猝狙等进行鉴别诊断。

【防治措施】

(1) 预防 加强饲养管理，在本病常发区域每年定期接种羊的三联四防灭活疫苗，管理上应特别注意防止羊只采食大量青嫩多汁和富含蛋白质的饲草。

(2) 治疗 对本病无有效的治疗药物，由于发病急，多数病例来不及治疗就已死亡。

3. 羊猝狙

羊猝狙是由 C 型产气荚膜梭菌引起的羊的一种毒血症，以急性死亡、腹膜炎和溃疡性肠炎为特征。

【流行特点】 本病多见于 1~2 岁的绵羊，膘情较好的羊多发，山羊有时也会发病。本病经消化道传染，多发于冬春季节，常见于低洼、沼泽地区放牧的羊群，常呈地方流行性。

【临床症状】 本病发病急，多数病羊未见明显的临床症状即突然死亡，有时可见病羊掉群、卧地、不安、衰弱和痉挛，一般在数小时内即死亡。

【主要病变】 剖检可见十二指肠和空肠黏膜充血或出血，形成糜烂、溃疡、腹膜炎，胸腔、腹腔和心包积液，内含纤维素絮块，浆膜上有出血。

【诊断】 根据流行病学特征、临床症状和病理变化可进行初步诊断。必要时可通过对肠内容物和内脏进行细菌分离鉴定和毒素检查来确诊。临床上本病应与羊快疫、羊肠毒血症、炭疽和巴氏杆菌病等进行鉴别诊断。

【防治措施】

(1) 预防 在疫区，每年要定期接种羊三联四防灭活疫苗，同时还要加强饲养管理，防止羊群受寒感冒或采食冰冻饲料或不洁饲料，羊舍要保持清洁干燥。

(2) 治疗 由于本病发病急,病羊往往无明显先兆就发病死亡,一般要等羊群出现一些急性死亡病例或出现慢性病例后再进行治疗。

4. 羊黑疫

羊黑疫又称为传染性坏死性肝炎,是由 B 型诺维梭菌引起的绵羊和山羊的一种急性高度致死性毒血症,其特征是急性死亡和肝实质出现坏死灶。

【流行特点】 绵羊和山羊均可感染本病,以 2～4 岁、膘情较好的绵羊发病最多。本病经消化道传染,主要发生于肝片吸虫流行地区,多发于春夏季节,在地势较低的低洼潮湿处放牧的羊群多发。

【临床症状】 本病发病急促,病羊多数不见临床症状即死亡。少数病程长的病羊体温升高、呼吸困难,多在俯卧昏睡中死亡,病程几小时至 2 天不等。

【主要病变】 病羊皮下明显瘀血,皮肤呈暗黑色,故称为羊黑疫。肝脏表面和肝实质内有数量不等的圆形灰黄色坏死灶,直径为 2～3 厘米,周围常围绕一圈红色充血带。浆膜腔积液,暴露在空气易凝固。心内膜、真胃及小肠黏膜常有出血。

【诊断】 根据本病的流行病学特征、临床症状及病理变化可进行初步诊断。必要时采取肝脏病灶边缘组织或脾脏进行直接镜检、分离培养和动物实验,或采取腹水或肝坏死组织进行毒素检查。临床上本病应与羊快疫、羊肠毒血症等进行鉴别诊断。

【防治措施】

(1) 预防 加强饲养管理,消除发病诱因,应特别注意控制肝片吸虫感染。在常发本病的地区,对羊只进行相应的免疫接种。

(2) 治疗 在发病早期可用抗诺维梭菌血清进行对症治疗,同时将发病羊群转移到高燥地区放牧,加强饲养管理,可降低发病率。

5. 羔羊痢疾

羔羊痢疾是由 B 型产气荚膜梭菌引起羔羊的一种急性毒血症,以剧烈腹泻和小肠溃疡为特征。

【流行特点】 本病主要危害 7 日龄以内的羔羊,其中以羔羊 2～3 日龄时发病最多。本病主要经消化道传染,也可通过脐带或创伤感染,导致羔羊抵抗力下降的不良诱因是发病的重要因素。

【临床症状】 本病的潜伏期为 1~2 天。病羊精神沉郁，腹泻，有的便中带血，若不及时治疗，常在 1~2 天内死亡。有的病羔不会下痢，但出现腹胀和神经症状，四肢瘫软，卧地不起，最后体温下降，衰竭死亡。

【主要病变】 尸体严重脱水，典型病变在消化道，真胃内有未消化的凝乳块，小肠（特别是回肠）黏膜充血发红，溃疡周围有一出血带环绕，有的肠内容物呈血色，肠系膜淋巴结肿胀充血或出血。

【诊断】 依据流行病学特征、临床症状及病理变化可进行初步诊断，必要时可采集实质脏器病料进行细菌分离培养及毒素检查以进一步确诊。临床上本病应与沙门菌、大肠杆菌及其他原因引起的腹泻病例进行鉴别诊断。

【防治措施】

（1）预防 加强对妊娠母羊及新生羔羊的饲养管理，减少应激，增强羔羊的抵抗力。搞好环境卫生消毒工作，应特别注意母羊分娩舍和羔羊圈舍的环境卫生，减少羔羊感染本病的机会。对常发本病地区，每年秋季对母羊接种"三联苗"，产前 2~3 周再加强免疫 1 次。

（2）治疗 隔离发病羔羊，对病程较长的可以用抗菌类药物治疗，对病羔所在圈舍进行彻底消毒，对病死羔进行无害化处理。

十、山羊传染性胸膜肺炎

山羊传染性胸膜肺炎又称为山羊支原体性肺炎，是由丝状支原体山羊亚种引起的一种高度接触性传染病。其主要特征为高热、咳嗽和明显的胸膜肺炎症状，在山羊饲养地区较为多见。

【流行特点】 自然条件下，丝状支原体山羊亚种只感染山羊，尤其是 3 岁以下的山羊最易感，而绵羊支原体对山羊和绵羊均有致病作用。本病主要经呼吸道感染，在冬春季节发病率高，常呈地方流行性。

【临床症状】 本病的潜伏期为 5~20 天。临床上以卡他性鼻液、咳嗽、呼吸性啰音、纤维素性胸膜炎、肺炎及部分母羊流产、进行性消瘦为主要特点。新疫区多见急性病例，病羊体温高达 41~42℃，呈稽留热，咳嗽，浆液性鼻液，4~5 天转为干咳、脓性鼻液（呈铁锈色），呼吸困难。慢性型在老疫区多见或由急性病例转变而成，表现为不时咳嗽，消瘦，被毛粗乱，肺炎症状时轻时重。

【主要病变】 剖检变化主要在肺、胸腔和纵隔淋巴结，表现为浆液性、纤维性胸膜肺炎病理变化。慢性病例表现为纤维素性肺炎、胸膜炎，肺部肝变区界限清楚，其外有肉芽组织形成的包囊，与胸膜粘连，胸水较多并有大小不等的黄白色纤维素性凝块，淋巴结实质变性、变硬或萎缩，气管内含有黏液状的脓性渗出物，黏膜充血。

【诊断】 根据本病的流行病学特征、临床症状及病理变化可进行初步诊断，必要时进行支原体的分离培养和鉴定。临床上本病应与羊链球菌病、巴氏杆菌病进行鉴别诊断。

【防治措施】

(1) 预防 加强饲养管理，提倡自繁自养，生产上应根据疫病流行情况做好山羊传染性胸膜肺炎疫苗的免疫接种工作。

(2) 治疗 治疗上应强调用药的及时性和有效性。对病羊要进行隔离，红霉素、恩诺沙星、氟苯尼考、泰乐菌素或磺胺嘧啶钠等均对本病有一定的疗效。在治疗过程中强调连续用药，并做好必要的对症治疗。遇到天气转变时，病羊有可能还会复发本病，需做好防范工作。

十一、羊衣原体病

羊衣原体病是由鹦鹉热衣原体引起的山羊、绵羊的一种以发热、流产、死胎和产出弱羔为特征的传染病。

【流行特点】 本病对山羊、绵羊及其他畜禽均易感，多呈地方流行性。在临床上病羊出现肺炎、肠炎、结膜炎、脑炎、母羊流产和羔羊多发性关节炎等多种病症。病羊和隐性感染羊是本病的传染源。病羊大多经呼吸道、消化道感染，有时也可通过交配或昆虫传播本病。

【临床症状和主要病变】 山羊感染本病后可表现不同的临床症状，可分为流产型、关节炎型和结膜炎型。

(1) 流产型 此型病羊流产通常发生于母羊妊娠的中后期，流产前无特征性先兆，流产后从母羊阴户流出粉红色或奶油样黏液，还表现为胎衣不下或滞留。剖检可见胎盘绒毛膜和子叶出现增厚、出血、坏死并混有浅黄色渗出物，子宫黏膜出血、水肿等。

（2）关节炎型 此型主要发生于羔羊，表现为病羊一肢或四肢跛行，关节肿胀，触摸有热痛感。病羊食欲减退，行动迟缓，影响采食和运动，生长较为缓慢。

（3）结膜炎型 此型主要发生于绵羊，特别是育肥羔羊和哺乳羔羊。最初病羊眼结膜出血、水肿、畏光流泪，接着眼角膜出现不同程度的混浊、溃疡或穿孔。发病羊群中，可见公羊患有睾丸炎、附睾炎等疾病。

【诊断】 根据本病的流行病学特征、临床症状和病理变化可进行初步诊断，必要时可进行病原分离鉴定或采用血清学方法确诊。在临床上本病应与布鲁氏菌病和沙门菌病等进行鉴别诊断。

【防治措施】

（1）预防 在本病流行地区可接种羊流产衣原体病灭活疫苗预防本病，此外还需做好环境的消毒、流产胎儿和胎衣的无害化处理工作。

（2）治疗 治疗本病的关键是要选用敏感的抗生素，可用青霉素和四环素类药物等进行治疗。对关节炎型病例利用地塞米松、安痛定等药物进行治疗；对结膜炎型病例要配合使用适量的抗生素软膏进行局部处理。

第二节　常见寄生虫病的防治

一、羊片形吸虫病

本病又称羊肝片吸虫病，是由肝片吸虫和大片吸虫寄生于肝脏胆管内引起的一种寄生虫病，是羊主要的寄生虫病之一。

【流行特点】 本病分布广泛，宿主范围广，季节性强，多发生于春末、夏秋季节，经口腔感染是唯一的感染途径，具有较强的地方流行性，各种日龄的羊均易感染发病，特别是在雨水多、地势低、沼泽地带放牧的羊易感染本病。

【临床症状】 临床表现可分为急性型和慢性型2个类型。

（1）急性型 此型多见于夏末和秋季。病羊主要表现体温升高、精神沉郁、食欲减少或废绝，拉稀粪或黏液性稀粪，严重贫血，黄疸，可视黏膜苍白，触摸肝区有压痛感，严重病例多在出现症状后 3~5 天内死亡。

（2）慢性型 慢性型病例较多见，可发生于任何季节。病羊逐渐消瘦、被毛粗乱、食欲不振、黏膜苍白、极度贫血，在眼睑、颌下、胸部、腹部皮肤出现水肿，便秘和下痢交替出现，最后衰竭死亡，个别病羊可耐过。

【主要病变】 病死羊可视黏膜贫血，剖检可见腹水明显增多，肝脏肿大硬化、色泽为暗灰色、肝小叶间结缔组织增生并呈绳索样凸出于肝脏表面，切开胆囊和胆管可见一些片形吸虫成虫，胆管壁发炎并有磷酸钙等盐类沉淀，肝脏内的静脉管腔内也有数量不等的虫体堆积。

【诊断】 根据临床症状、流行病学情况、虫卵检查及病理剖检结果可进行综合判断，还可通过有关免疫学、血清学方法进行诊断。

【防治措施】

（1）预防 坚持定期驱虫，每年选用三氯苯达唑、阿苯达唑和硝氯酚等药物对羊群进行 4 次驱虫，其中春末和秋季的驱虫尤为重要。对羊舍的粪便要采用堆积发酵的方法来杀灭虫卵，防止虫卵再次污染牧草和场所。在有较多中间宿主（淡水螺）的地方要经常性灭螺。放牧应尽量选择地势高燥的牧场，尽量实行划区轮牧，饮水需选用自来水、井水及流动的河水。

（2）治疗 治疗羊肝片吸虫病的药物主要有：

① 三氯苯达唑（肝蛭净），对成虫、幼虫均有效，用量为每千克体重 12~15 毫克，1 次灌服。

② 阿苯达唑，为广谱驱虫药，对成虫效果好，但对童虫和幼虫效果较差，用量为每千克体重 10~15 毫克，1 次灌服。

③ 碘醚柳胺，对成虫及幼虫有效，用量为每千克体重 7~10 毫克，1 次灌服。

二、羊胰阔盘吸虫病

本病是由阔盘吸虫寄生于牛、羊、兔和人等胰管内而引起的一种人畜共患寄生虫病，主要引起宿主营养障碍和贫血，其特征是引起下痢、贫血、消瘦和水肿等，严重时可导致死亡。

【流行特点】 本病呈地方流行性，一般在冬春季节发病，多发生在低洼、潮湿的放牧地区。本病的流行与陆地上的螺、草螽的分布和活动有密切关系。

【临床症状】 病羊感染虫体数量少时，多呈隐性感染。阔盘吸虫大量寄生时，由于虫体刺激和毒素作用，胰管发生慢性增生性炎症，使管腔变得窄小甚至闭塞，胰消化酶的产生和分泌及糖代谢功能失调，引起消化及营养障碍。病羊消化不良、精神沉郁、消瘦、贫血、颌下及胸前水肿，常见下痢，粪中常有黏液，严重时因衰竭而死。

【主要病变】 尸体消瘦，胰腺肿大，胰管因高度扩张呈黑色蚯蚓状凸出于胰腺表面造成胰腺表面粗糙不平，胰管发炎变得肥厚，管腔黏膜不平，呈乳头状小结节突起，并有点状出血，内含大量虫体。慢性感染时则因结缔组织增生而导致整个胰腺硬化、萎缩，胰管内仍有数量不等的虫体寄生。

【诊断】 羊胰阔盘吸虫病的虫体较小，虫体呈半透明状，在显微镜下内部器官结构清晰可见，虫卵为黄色或深褐色、卵圆形，卵壳厚，一端有卵盖，内有毛蚴。

【防治措施】

（1）预防 加强饲养管理，做到定期驱虫和消灭中间宿主（蜗牛、草螽等），做好粪便的堆积发酵。尽量实行划区放牧，以避免羊群感染。

（2）治疗 在临床上可使用吡喹酮，用量为每千克体重60~80毫克，1次灌服。

三、羊捻转血矛线虫病

羊捻转血矛线虫病又称捻转胃虫病，是由寄生于反刍动物真胃、小肠内的捻转血矛线虫所引起的一种寄生虫病，常造成羊群的高死亡率和低繁殖率。

【流行特点】 本病各种日龄的羊均可发生，但以羔羊发病率和死亡率较高，成年羊有一定的抵抗力，也常出现"自愈现象"，以在丘陵山地牧场放牧的羊易感，特别是在曾被本病病原污染过的草场放牧时感染率高。本病一年四季均可发生，在春夏季节发病率较高，高发季节开始于4月青草萌发时，5~6月达到高峰，随后呈下降趋势，但在多雨、闷热的8~10月也易暴发。

【临床症状】 本病症状以贫血、衰弱和消化功能紊乱为主。急性型以肥壮羔羊突然死亡为特征，病死羊眼结膜苍白，高度贫血。一般为亚急性经过，病羊被毛粗乱、消瘦、精神萎靡，放牧时掉群，严重时卧地不起，眼结膜苍白，下颌间或下腹部水肿。治疗不及时多转为慢性，此时症状不明显，主要表现消瘦、被毛粗乱。在放牧时发病的羊群，早期大都以肥壮羔羊突然死亡为特征，随后病羊便出现亚急性症状。

【主要病变】 剖检发现，除了贫血外，皮下和肠系膜可出现胶冻样水肿，真胃黏膜上和真胃内容物充满大量毛发状粉红色虫体，附着在胃黏膜上时如覆盖着一层毛毯样的暗棕色虫体，有的绞结成黏液状团块，有些还会慢慢蠕动。有时还会出现不同程度的胃黏膜水肿、出血及肠炎病变。

【诊断】 根据本病的流行情况和临床症状，特别是死羊剖检后可见真胃内有大量红白相间的捻转血矛线虫，即可确诊。

【防治措施】

（1）预防 加强饲养管理，定期进行粪便虫卵检查，羊群每年要用广谱驱虫药进行预防驱虫3~4次，平时发现本病感染率高时要及时驱虫。有条件的要实行划区轮牧，以减少本病的感染机会。

（2）治疗 采用阿苯达唑治疗，用量为每千克体重10~15毫克，1次灌服；或用左旋咪唑，用量为每千克体重6~10毫克，1次灌服。严重感染时间隔7~10天再驱虫1次，以后每2~3个月定期驱虫1次。

四、羊前后盘吸虫病

本病是由前后盘科各属吸虫寄生于反刍动物的瘤胃和胆管中所引起的一种寄生虫病的总称。

【流行特点】 本病对牛、羊的感染率很高，南方较北方更为多见。本病主要发生于夏秋季节，其中间宿主为小锥实螺，广泛分布在沟塘、小溪、湖泊和水田中，与本病的流行成正相关。

【临床症状】 病羊多数无明显症状，严重感染时可表现精神不振、食欲减退、反刍减少、消瘦、贫血、水肿和顽固性腹泻，粪便呈水样，恶臭，且常混有血液。发病后期精神萎靡，极度虚弱，眼睑、颌下、胸腹下部水肿，最后衰竭死亡。成虫感染引起的症状是消瘦、贫血、下痢和水肿，但过程缓慢。

【主要病变】 剖检可见尸体消瘦，黏膜苍白，腹腔内有红色液体，有时在液体内还可发现幼小虫体、真胃幽门部、小肠黏膜有卡他性炎，黏膜下可发现幼小虫体，肠内充满腥臭的稀粪。胆管、胆囊膨胀，内有幼虫。成虫寄生部位损害轻微，在瘤胃壁的胃绒毛之间吸附有大量成虫。

【诊断】 对于幼虫引起的疾病，主要是根据临床症状结合流行病学资料分析来诊断。还可进行试验性驱虫，如果粪便中找到相当数量的幼虫或症状好转，即可确诊。对成虫可用沉淀法在粪便中找出虫卵加以确诊。

【防治措施】

（1）预防 对羊群定期驱虫，羊粪要堆积发酵以杀灭虫卵，尽量不在低洼、潮湿处放牧或饮水，有条件的地方可用化学或生物的方法灭螺，以消除中间宿主，减少感染机会。

（2）防治 可使用阿苯达唑、氯硝柳胺等药物进行驱虫。

五、羊绦虫病

羊绦虫病是由裸头科中的多种绦虫寄生于羊的小肠内而引起的一种慢性消耗性寄生虫病，对羊的危害较大。在诸多绦虫病中，以莫尼茨绦虫病最为常见，危害也较其他绦虫病严重，尤其是可能造成羔羊的成批死亡。

【流行特点】 本病分布很广，一年四季都可发生，其中南方在每年的5~6月发病率最高，在其他季节也可持续感染。2~7月龄的羔羊感染率比较高，成年羊的感染率很低。传播媒介与地螨有关。

【临床症状】 羊的症状因感染强度及年龄的不同而异，轻度感染时无明显症状，严重感染时病羊精神沉郁、消瘦、经常性消化不良或顽固性下痢，粪便中常夹带有绦虫的孕卵节片。有的病羊因虫体成团引起肠道阻塞，产生腹痛甚至发生肠破裂，因腹膜炎而死亡。有的病羊后期痉挛或有转圈、空嚼、痉挛和弓背等症状，最终衰竭死亡。

【主要病变】 本病的主要病变是尸体消瘦、贫血，可在病死羊小肠中发现数量不等的虫体，有时可见肠壁扩张、肠套叠乃至肠破裂，心内膜和心包膜有明显的出血点。

【诊断】 根据粪便中检查到特征性虫卵（类三角形）及在病死羊小肠中检查到本病的虫体即可诊断，也可进行驱虫试验，如发现排出绦虫虫体和症状明显好转即可确诊。

【防治措施】

（1）预防 每年应定期驱虫3~4次，同时控制本病的中间宿主（地螨），有条件的地方可实行轮牧，应避免在低湿地或在雨后、清晨和黄昏后放牧。

（2）治疗 常用药物有1%硫酸铜溶液，用量为每只灌服15~40毫升，现配现用，禁止用铁制容器盛装；氯硝柳胺，用量为每千克体重80~100毫克，1次灌服；吡喹酮，用量为每千克体重60~80毫克，1次灌服。

六、羊脑包虫病

羊脑包虫病又称羊疯病、羊多头蚴病，是由多头绦虫的幼虫（多头蚴）寄生于羊的脑部而引发脑炎、脑膜炎等一系列神经症状的寄生虫病。

【流行特点】 本病多见于牛、羊，有时也可见于猪、马及其他动物，在有些地方可引起地方性流行。本病一年四季均可发生，但以春季多发。多头绦虫的成虫寄生于狗、狼、狐狸的小肠中。

【临床症状】 发病前期病羊症状多为急性型，体温升高，脉搏加快，出现神经症状，不断做回旋、前冲、后退等动作。发病后期，多头蚴发育至一定大小，病羊症状呈慢性型，典型症状为根据虫体寄生部位不同而出现不同特征的转圈方向和姿势。虫体寄生在大脑半球表面的概率最高，典型症状为向寄生部一侧做转圈运动，病变对侧视力发生障碍以至失明，局部皮肤隆起、压痛、软化，对声音刺激反应很弱。如寄生于大脑正前部，病羊头下垂，向前做直线运动，碰到障碍物头抵住呆立。如寄生于大脑后部，病羊仰头或做后退运动，直到跌倒卧地不起。如寄生于小脑，病羊知觉敏感，易惊恐，运动时丧失平衡，痉挛，易跌倒。

【主要病变】 急性死亡的羊可见脑膜炎和脑炎病变,还可见到六钩蚴在脑膜中移行时留下的弯曲伤痕。慢性期的病例则可在脑、脊髓的不同部位发现大小不等的囊状多头蚴;在病变处或虫体相接的颅骨处骨质松软、变薄甚至穿孔,致使皮肤向表面隆起,病灶周围脑组织发炎。

【诊断】 通过临床症状可进行初步诊断,在脑和脊髓的不同部位检出囊状多头蚴即可确诊。

【防治措施】

(1)预防 对牧区内所有家犬和牧羊犬每季度驱虫1次,对驱虫后排出的粪便要深埋或焚烧。对病羊、死羊应烧毁或做深埋处理,防止狗等肉食动物食入而感染本病后又传染给羊群。

(2)治疗 本病一般无治疗意义。个别珍贵品种的病羊可采取手术法摘除囊状多头蚴,常用方法有颅骨钻孔包囊钻孔术、针刺包囊法等。

七、羊球虫病

本病是由艾美耳球虫属的多种球虫寄生于羊肠道所引起的一种原虫病,以下痢、便血、贫血、消瘦和发育不良为主要特征。本病对羔羊危害最为严重。

【流行特点】 各品种的绵羊、山羊对球虫病均易感,羔羊的易感性最高,可引起大量死亡,流行季节多为春、夏、秋三季,冬季气温低,不利于卵囊发育,因此冬季很少发生感染。羊舍卫生环境差,草料、饮水和哺乳母羊的乳头被粪便污染,都可传播此病。在突然变更饲料和羊抵抗力降低的情况下也易诱发本病。

【临床症状】 本病的潜伏期为15天左右。依感染的种类、强度、羊只的年龄、抵抗力及饲养管理条件等不同而发生急性或慢性过程。急性病例病程为2~7天,慢性经过的病程可长达数周。病羊精神不振,食欲减退或消失,被毛粗乱,可视黏膜苍白,腹泻,粪便中常含有大量卵囊,体温上升到40~41℃,严重者可导致脱水衰竭而死亡,死亡率为10%~25%。

【主要病变】 尸体消瘦,脱水明显,尸体后躯常被稀粪或血粪污染。剖检可见肠道黏膜上有浅白色、黄色的圆形或卵圆形结节状坏死斑，大小从粟粒大到豌豆大，内容物为糊状或水样，肠系膜淋巴结炎性肿大。

【诊断】 本病可通过对新鲜羊粪进行饱和盐水漂浮法或直接镜检发现大量球虫卵囊而确诊，临床上应注意本病与其他肠道疾病混合感染的问题。

【防治措施】
（1）预防 加强饲养管理，保持圈舍及周围环境的卫生，定期消毒，及时进行粪便堆积发酵以杀灭虫卵。临床上可使用抗球虫药物进行预防。

（2）治疗 抗球虫药物种类很多，对不同的虫种作用存在差异，不同抗球虫药具有不同的活性高峰期，有的抗球虫药对球虫免疫力会有影响，长期反复使用常产生抗药性，应因地制宜、合理选用。效果比较好的药物有磺胺二甲嘧啶、磺胺喹噁啉和氨丙啉等。

八、螨病

螨病是主要由疥螨和痒螨寄生于动物的表皮内、体表所引起的慢性皮肤病。病畜以皮肤结痂、脱毛与发痒为特征。

【流行特点】 螨通过动物直接接触或通过被污染的物品及工作人员间接接触传播。圈舍潮湿、饲养密度过大、皮肤卫生状况不良时容易发病。尤其在秋末以后，动物毛长而密，阳光直射时间减少，湿度增加，有利于螨的生长繁殖。本病夏季少发，秋冬季多发，尤其是阴雨天时蔓延最快，发病强烈。

【临床症状】 疥螨多寄生于皮肤薄、被毛短而稀少的部位，它们在表皮内钻洞，采食组织液，引起强烈的发痒。山羊主要发生于口周围、眼圈、鼻梁和耳根部，可蔓延至全身。疥螨直接刺激动物体，以及分泌有毒物质刺激神经末梢，使皮肤发生剧痒。动物擦痒或啃咬患处，使局部损伤、发炎、形成结节，局部皮肤增厚和脱毛，形成石灰色痂皮，皮肤呈现皱褶或龟裂。在羊疥螨发病后期，病变部位形成坚硬白色胶皮样的痂皮，俗称"石灰头"。

痒螨寄生于动物体表被毛长而稠密处，用口器刺穿皮肤吸取渗出液为食。本病病症与发痒有关，多发生于羊的背部、腹侧及臀部，严重时头部、颈部、腹下及四肢内侧也有发生。本病多发生于绵羊，可见羊毛结成束,而后看到零散的毛丛悬垂于羊体,继而全身被毛脱落,患部皮肤湿润,形成浅黄色痂皮。

【诊断】 根据流行病学特征、临床症状和对皮肤刮下物进行实验室检查即可诊断。

【防治措施】

(1) 预防 定期进行动物体检查和灭螨;圈舍保持干燥、光线充足、通风良好;动物群密度要适宜;引进动物要进行严格检查,疑似动物应及早确诊并隔离治疗;被污染的圈舍及用具用杀螨剂处理;做好病羊的皮毛处理工作,以防止病原扩散,同时要防止饲养人员或用具散播病原。

(2) 治疗 对已经确诊的病羊,应及时隔离治疗。常用药物有双甲脒,可用0.05%双甲脒溶液涂擦或喷洒全身;2%敌百虫溶液涂擦或喷洒全身;伊维菌素注射液,每千克体重0.2~0.3毫克,1次皮下注射。多数杀螨药对卵的作用较差,故应间隔5~7天重复用药。治疗本病最好的方法是进行药浴。

第三节 常见普通病的防治

一、瘤胃积食

本病是由于羊的瘤胃充满过量的饲料,超过了正常容积,致使胃容积增大,胃壁过度扩张,食糜滞留在瘤胃引起严重消化不良。

【发病原因】 本病的病因是由于羊采食了大量质量不良、难于消化的饲料,或采食了大量易膨胀的饲料。继发病因源于前胃弛缓、瓣胃阻塞、创伤性网胃炎和真胃炎等。

【主要症状】 本病多发生于进食后一段时间,病羊主要表现精神不安、弓背、后肢踢腹等症状,食欲减少或废绝,反刍、嗳气减少或停止,瘤胃坚实,瘤胃蠕动极弱或消失。腹围增大,呼吸急促,严重时卧地不起或呈昏睡状态。

【诊断】 触诊瘤胃表现胀满和硬实,听诊瘤胃蠕动音减弱或消失,结合临床症状可进行初步诊断。临床上本病还要与前胃弛缓、瘤胃臌气、创伤性网胃炎等进行鉴别诊断。

【防治措施】

（1）预防　加强饲养管理，平时不要饲喂过于粗硬、干燥的饲料，还应防止羊过饥后的过度暴食，更换饲料要逐步过渡。

（2）治疗　发病初期，在羊的左肷部用手掌按摩瘤胃，每次5~10分钟，以刺激瘤胃，使其恢复蠕动，也可灌服液状石蜡100~200毫升，或灌服硫酸镁或硫酸钠50~80克，对个别严重的可肌内注射硫酸新斯的明注射液或维生素B_1注射液，并结合强心补液提高治愈率。

二、瘤胃臌气

本病是由于瘤胃内容物异常发酵，产生大量气体不能以嗳气排出，致使瘤胃体积增大。多因饲喂豆科植物或谷物类饲料过多而引起。

【发病原因】　本病是由于瘤胃中食物迅速发酵产生大量的气体造成的，包括原发性病因和继发性病因。原发性病因是由于羊在较短时间内吃了大量易发酵的精料、幼嫩牧草或变质饲料等。继发性病因常见于羊发生食道阻塞、前胃迟缓、瓣胃阻塞、创伤性网胃炎等疾病后出现的瘤胃臌气。

【主要症状】　羊突然发病，食欲下降，嗳气停止，腹围明显增大，左肷部凸出，叩诊为鼓音。病羊烦躁不安，严重时呼吸困难，可视黏膜发绀，排少量稀粪，随后停止排粪。如处理不及时，病羊很快就会倒地呻吟或出现痉挛症状，几个小时内即死亡。

【防治措施】

（1）预防　加强饲养管理，不喂太多的精料或太多的幼嫩牧草（特别是豆科牧草）。

（2）治疗　治疗以排气、止酵和泻下为原则。在早期可灌服食用油100~200毫升或将液状石蜡100毫升、鱼石酯2克、酒精10毫升混匀后加适量水灌服，也可选用陈皮酊50毫升或龙胆50毫升兑适量水后灌服。对于臌气特别严重的应进行瘤胃穿刺放气，操作过程中要控制放气速度，防止出现脑缺氧或腹膜炎等。

三、羊胃肠炎

本病是由于胃肠壁的血液循环与营养吸收受到严重阻碍而引起胃

肠黏膜及其深层组织发生炎症的一种疾病。

【发病原因】 由于饲养管理不当，羊采食了大量冰冻、腐败、变质、有毒的饲草饲料，或草料中混有化肥或具有刺激性药物。

【主要症状】 病羊食欲废绝，口腔干燥发臭，舌面覆有黄白苔，常伴有腹痛，表现为磨牙、口渴、弓背，同时排出稀粪或水样稀粪，气味腥臭或恶臭，粪中有血液或坏死的组织片。腹泻常引起脱水，严重时病羊体质消瘦，极度衰竭，四肢末端冰凉，卧地不起，最后昏睡或抽搐而亡。

【主要病变】 病羊的眼球凹陷，胃肠黏膜易脱落，肠内有大量水样内容物，肠系膜淋巴结肿胀。

【防治措施】

（1）预防 加强饲养管理，不喂霉烂变质和冰冻饲料，消除各种导致胃肠炎的病因，饲喂定时、定量，饮水应清洁，保持圈舍内干燥、通风。

（2）治疗 首先应消除病因，治疗原则是清理胃肠，保护肠黏膜，制止肠内容物腐败发酵，预防脱水和加强护理。对严重腹泻的病羊，可用抗生素及磺胺类药物配合收敛剂进行治疗。为防止胃肠内容物腐败，可内服0.1%高锰酸钾溶液；为吸附肠内有毒物质，可内服药用炭。

四、羊流产

羊流产是指母羊妊娠中断，或胎儿不足月就排出子宫而死亡。

【发病原因】 造成羊流产的原因很多，有传染性的病因，如羊感染布鲁氏菌病、弯杆菌病、毛滴虫病和衣原体病等；也有非传染性的病因，如对母羊的饲养管理不良、饲料发霉、药物中毒和生殖系统疾病等。

【主要症状】 突然发生流产者一般无特征性表现。发病缓慢者表现为精神不佳，食欲废绝，腹痛起卧、努责，阴户流出羊水，待胎儿排出后稍为安静。若在同一羊群内病因相同，则陆续出现流产，直至受害母羊流产完毕。

【诊断】 传染性病因导致的流产一般发病率比较高、发病面积广。非传染性病因引起的流产多为零星发生。

【防治措施】

（1）预防　要加强饲养管理，防止妊娠母羊的意外伤害。对有流产预兆的母羊要采取保胎和安胎措施，每次可肌内注射黄体酮15~25毫克，每天1次，连用3天。

（2）治疗　对已发生流产的母羊，要让母羊把胎儿和胎衣排除干净，必要时人工助产或肌内注射缩宫素注射液，胎儿死亡、子宫颈未开时，应先肌内注射苯甲酸雌二醇注射液，使子宫颈口开张，然后从产道拉出胎儿。对于发生流产比较多的羊群，应及时找出病因，采取相应的防范措施。

五、羊子宫内膜炎

本病是常见的母羊生殖器官疾病，也是导致母羊不孕的重要因素之一。

【发病原因】　母羊分娩过程中病原微生物通过产道侵入子宫，或由于配种、人工授精及接产过程中消毒不严，尤其是在发生难产时不正确的助产、胎衣不下、子宫脱出、阴道脱出和胎儿死于腹中等，均易导致感染而引起子宫内膜炎。

【主要症状】

（1）急性子宫内膜炎　急性子宫内膜炎多发生于分娩过程中或分娩、流产后一段时间。病羊体温升高、食欲下降，反刍停止，常见拱背、努责及常做排尿姿势，并从阴门中流出粉红色或黄白色分泌物，阴门周围及尾部有干痂物附着，严重时可感染败血症而导致病羊死亡。

（2）慢性子宫内膜炎　慢性子宫内膜炎多由急性型转变而来，病羊表现为食欲稍差，经常从阴道内排出混浊的分泌物或少量脓性分泌物，全身症状不明显，但发情不规律或停止发情，不易受孕。

【防治措施】

（1）预防　加强饲养管理，在母羊助产和人工授精等操作时要注意消毒，尽量减少对母羊产道的损伤，防止子宫受到感染。

（2）治疗　对于严重的急性子宫内膜炎病例要采用局部冲洗子宫与全身治疗相结合的方法。可用温热的0.1%的高锰酸钾溶液100~200毫升冲洗子宫，每天1次，连用3~4天。同时选用广谱抗菌药物，如四环素、庆大霉素、卡那霉素、金霉素等，可将抗菌药物 0.5~1 克用少量生理盐水溶解，用导管注入子宫，每天 2 次，连用 3~5 天。

六、羊乳腺炎

羊乳腺炎是由于病原微生物感染而引起乳腺、乳池、乳头发炎，乳汁理化特性发生改变的一种疾病，主要特征是乳腺发生炎症，乳房红肿、发热、疼痛，影响泌乳功能和产奶量。多见于哺乳期的山羊。

【发病原因】 本病多见于挤奶人挤奶技术不熟练、所用工具不卫生，损伤了羊乳头，或由分娩后挤奶不充分、乳汁积存过多及乳房外伤等引起。有的因感染葡萄球菌、链球菌、大肠杆菌、绿脓杆菌、假结核杆菌等引起。

【主要症状】

（1）急性乳腺炎 病羊的乳房发热、增大、疼痛、变硬，挤奶不畅，乳房淋巴结肿大，乳汁变稀或挤出絮状、带脓血乳汁，同时可表现不同程度的全身症状，体温升高、食欲减退或废绝，急剧消瘦，病羊常因败血症而死亡。

（2）慢性乳腺炎 慢性乳腺炎多因急性型未被彻底治愈而引起。病羊一般没有全身症状，患病乳区组织弹性降低、僵硬，触诊乳房时发现大小不等的硬块，乳汁稀、清淡，产奶量显著减少，乳汁中混有粒状或絮状凝块。

【防治措施】

（1）预防 保持羊舍清洁、干燥、通风。挤奶时注意做好母羊乳房的消毒工作，动作要轻，如发现羊产奶量较多时要控制精料摄入量，并做好母羊妊娠后期和哺乳期的饲养管理工作。

（2）治疗 在发病早期可对乳房局部采用冷敷处理，中后期可采用热敷和涂擦鱼石酯软膏的方法进行消炎处理。对化脓性乳腺炎可采取手术排脓和消炎处理。在挤奶后可通过乳导管将消炎药物稀释后注入乳房内，每天 2~3 次，连用 3~4 天。对有全身症状的病羊，要用抗生素进行全身治疗。

七、羊支气管肺炎

羊支气管肺炎又称为小叶性肺炎，是发生于个别肺小叶或几个肺小叶及其相连接的细支气管的炎症，多由支气管炎的蔓延所引起。

【发病原因】 羊由于受寒感冒，长途运输后饲养管理不良，机体抵抗力减弱，受病原菌的感染或直接吸入有刺激性的有毒气体、霉菌孢子、烟尘等而致病。

【主要症状】 病羊体温升高，呈弛张热型，最高时达 40℃ 以上。主要表现喘气、咳嗽、呼吸困难、脉搏加快，鼻流浆液性或脓性分泌物。叩诊胸部有局灶性浊音，听诊肺区有捻发音。

【主要病变】 病羊的气管和支气管有大量泡沫样分泌物，肺瘀血，肺部有局灶性肉样病变，严重病例的肺部可出现纤维性渗出病变。

【诊断】 根据对病史的调查分析和临床症状观察可进行初步诊断。

【防治措施】

（1）预防 加强饲养管理，注意供给优质、易消化的饲料和清洁的饮水，增强羊的抗病能力。圈舍应通风良好、干燥向阳，冬季保暖、春季防寒，以防感冒。

（2）治疗 对本病的治疗以抗菌消炎、祛痰止咳为原则。可用庆大霉素、林可霉素、恩诺沙星、氟苯尼考和磺胺类等药物控制感染，并配合使用氯化铵等镇咳祛痰。

八、羔羊白肌病

羔羊白肌病主要是由于羔羊体内微量元素硒和维生素 E 缺乏或不足而引起的以骨骼肌、心肌和肝脏组织变性、坏死为特征的疾病。

【发病原因】 本病由于饲草中硒元素和维生素 E 含量不足，或饲草中钴、锌、银、钒等微量元素过高影响羔羊对硒的吸收而造成。当饲草中的硒含量低于 0.5 毫克/千克时，就有可能发生本病。本病的发生往往呈地方流行性，特别是在羔羊中的发病率较高，而成年羊有一定耐受性。

【主要症状】 患病羔羊消化功能紊乱，并伴有顽固性腹泻、心率加快、心律不齐和心功能不全，机体逐渐消瘦，严重营养不良，发育受阻，站立不稳，走路时后肢无力、拖地难行、步态僵直，强行驱赶时双后肢似鸭子游水一样运动，发出惨叫声。

【主要病变】 剖检可见骨骼肌和心肌变性，色浅，似石蜡样，呈灰黄色、黄白色的点状、条状或片状。

【诊断】 根据地方性缺硒病史、临床表现、病理变化、饲料和体内硒含量的测定可进行诊断。

【防治措施】

（1）预防 加强对母羊的饲养管理，可在饲料中多补充一些亚硒酸钠以预防本病。在缺硒地区，羔羊在出生后第3天肌内注射亚硒酸钠维生素E注射液1～2毫升，断奶前再注射1次，用量为2～3毫升。

（2）治疗 对发病的羔羊要皮下注射0.1%亚硒酸钠注射液2～5毫升、维生素E注射液100～500毫克，连用3～5天。也可使用亚硒酸钠维生素E注射液进行肌内注射治疗。

参 考 文 献

[1] 赵有璋. 中国现代养羊 [M]. 北京：金盾出版社，2005.
[2] 岳炳辉，任建存. 养羊与羊病防治 [M]. 北京：中国农业出版社，2014.
[3] 刘洪波. 彩色图解科学养羊技术 [M]. 北京：化学工业出版社，2019.
[4] 杨雪峰，魏刚才. 羊高效养殖关键技术及常见误区纠错 [M]. 北京：化学工业出版社，2014.
[5] 李文杨，刘远，陈鑫珠，等. 山羊舍饲高效养殖技术 [M]. 福州：福建科学技术出版社，2017.
[6] 郎跃深，王天学. 健康高效养羊实用技术大全 [M]. 北京：化学工业出版社，2017.
[7] 权凯，魏红芳. 肉羊场标准化示范技术 [M]. 郑州：河南科学技术出版社，2014.
[8] 武瑞，孙东波. 羊病科学防治7日通 [M]. 2版. 北京：中国农业出版社，2012.
[9] 付利芝，徐登峰. 羊病诊治你问我答 [M]. 北京：机械工业出版社，2016.
[10] 朱奇. 高效健康养羊关键技术 [M]. 北京：化学工业出版社，2010.
[11] 蔡建森，刁其玉. 舍饲肉羊的营养需要量（综述）[C]//中国畜牧业协会. 2006中国羊业进展：第三届中国羊业发展大会会刊. 北京：中国畜牧业协会，2006：255-259.